나는 어떤 수학 능력자일까?

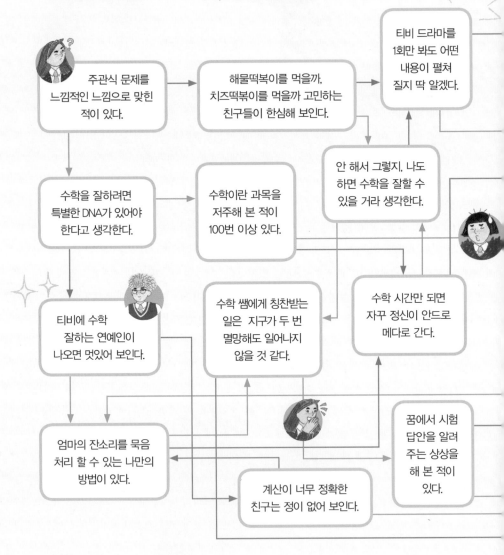

주관식 문제를 느낌적인 느낌으로 맞힌 적이 있다.

해물떡볶이를 먹을까, 치즈떡볶이를 먹을까 고민하는 친구들이 한심해 보인다.

티비 드라마를 1회만 봐도 어떤 내용이 펼쳐질지 딱 알겠다.

수학을 잘하려면 특별한 DNA가 있어야 한다고 생각한다.

수학이란 과목을 저주해 본 적이 100번 이상 있다.

안 해서 그렇지, 나도 하면 수학을 잘할 수 있을 거라 생각한다.

티비에 수학 잘하는 연예인이 나오면 멋있어 보인다.

수학 쌤에게 칭찬받는 일은 지구가 두 번 멸망해도 일어나지 않을 것 같다.

수학 시간만 되면 자꾸 정신이 안드로메다로 간다.

엄마의 잔소리를 묵음 처리 할 수 있는 나만의 방법이 있다.

꿈에서 시험 답안을 알려 주는 상상을 해 본 적이 있다.

계산이 너무 정확한 친구는 정이 없어 보인다.

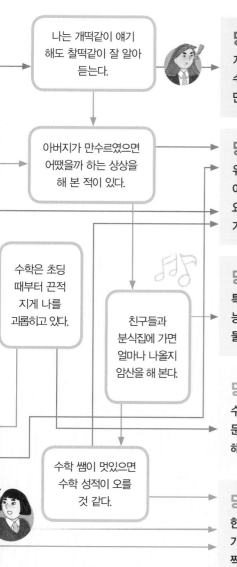

당신은 정말 **이해력이** 뛰어나군요.

개념을 이해하고, 문제를 이해하는 것이 중학 수학에서는 무척 중요하답니다. 혹시 이해력 만 믿고 공부를 안 하고 있는 건 아니겠죠?

당신은 **상상력이** 뛰어나군요.

위대한 수학적 발견은 모두 상상력을 통해 이루어졌답니다. 상상력은 수학에서 가장 중 요한 능력이죠. 오늘부터는 수학이 재밌어질 거라 상상해 보세요.

당신은 **연산력이** 뛰어나군요.

특히나 시험 문제를 빨리 풀 때 아주 유용한 능력이죠. 한데 빨리 계산할 욕심에 자꾸 서 둘러서 실수를 하진 않나요?

당신은 **지구력이** 뛰어나군요.

수학 성적을 올리는 길은 지치지 않고 많은 문제를 여러 번 풀어 보는 것입니다. 개념 이 해만 잘한다면 당신은 내일의 수학왕!

당신은 **직관력이** 뛰어나군요.

한마디로 찍기를 잘한다는 거죠. 직관력에 기본기까지 갖춘다면 당신은 승률 100%의 찍기 장인이 될 수 있습니다.

수학, 이 고비를 넘겨라 : 함수

초판 1쇄 펴냄 2017년 1월 16일
    2쇄 펴냄 2019년 6월 10일

지은이 박현정
그린이 국민지
펴낸이 고영은 박미숙

펴낸곳 뜨인돌출판(주) | 출판등록 1994. 10. 11. (제406-251002011000185호)
주소 10881 경기도 파주시 회동길 337-9
홈페이지 www.ddstone.com | 블로그 blog.naver.com/ddstone1994
페이스북 www.facebook.com/ddstone1994
대표전화 02-337-5252 | 팩스 031-947-5868

ISBN 978-89-5807-625-4 04420
ISBN 978-89-5807-615-5 (세트)

이 도서의 국립중앙도서관 출판예정도서목록(CIP)은 서지정보유통지원시스템 홈페이지
(http://seoji.nl.go.kr)와 국가자료종합목록시스템(http://www.nl.go.kr/kolisnet)에서
이용하실 수 있습니다. (CIP제어번호 : CIP2016032379)

어린이제품안전특별법에 의한 제품표시
제조자명 뜨인돌어린이 **제조국명** 대한민국 **사용연령** 만 10세 이상

수학
이 고비를 넘겨라

박현정 글 | 국민지 그림

함수

뜨인돌

머리말

안녕하세요! 박현정입니다. 저는 지금 웃고 있어요!
처음 여러분을 만나 너무 기쁘고 행복해서 말이죠!

저의 오글거리는 첫인사가 부담스럽다고요? 초면에 이
러는 게 낯설고 이상하다고요?

뭐든 첫 만남이 낯선 건 자연스러운 일이죠.

중학교에 들어와서 처음 만난 수학도 낯설기 짝이 없었을 거예요. 상상
할 수 없는 음의 정수를 만나고, 그 고통이 가시기도 전에 a와 b 같은 문
자와 새로운 기호를 만났잖아요. 'a×b의 답이 ab라니, 이게 대체 맞는 답
인가?' 뭐 이런 생각을 하며 머리가 어질했을 거예요.

특히나 함수, 요녀석은 더 했겠죠. 그 대상이 정해진 수도 아니고 변하
는 대상인 x와 y인데다가 둘의 대응관계를 찾으라며 복잡한 식과 그래프
를 들이미니….

여러분이 아무리 친화력이 좋고 낯을 안 가려도 무조건 멀리하고 싶었
을 거예요. 포기해야 하는 건 아닌가 고민했을 수도 있고요.

하지만 뭐든 처음이 낯설고 어려운 거지, 익숙해지면 편하고 만만해지는

4

거잖아요. 이 책을 통해 함수를 이해해 보고 익숙해지는 건 어떨까요?

익숙해지기 위해 들입다 문제를 풀면 되는 거 아니냐고요? 아닙니다. 문제를 많이 풀어 본다고 익숙해지는 것은 아니에요. 앞집 아저씨를 자주 본다고 해서 친해지는 것은 아니듯이요.

함수에 익숙해지려면 만나는 방법부터 중요합니다. 우선 개념을 잘 알아야 하죠. 편견이 생기면 안 되잖아요? 개념을 잘 이해한 후, 그 개념을 우리가 생활하는 현실에서 만나 보고 상상해 보는 과정이 중요해요. 그리고 이해의 폭을 넓히기 위해 관련 문제도 풀어 보고, 이해한 내용을 자신의 말로 표현해 보면 더욱 확실히 알게 되죠.

이렇게 익숙해질 때 '함수'는 진짜 내 것이 되는 거예요. 『수학, 이 고비를 넘겨라 - 함수』가 이런 경험을 할 수 있도록 여러분을 도와줄 거예요.

여러분들이 수학적인 상상을 할 수 있는 힘을 만들어 줄 거예요. 수학에 자신 없던 이 책의 주인공 숙이가 차츰 자신의 생활에서 함수에 대한 개념이나 원리를 찾듯이 말이에요.

여러분은 모두 타고난 수학 능력자입니다. 힘을 내세요. 이 책이 좋은 수학 친구가 되어 줄 거예요. 함께 '함수의 고비'를 홀쩍 뛰어넘어 보자고요. 화이팅!

2016년 겨울
박현정

차례

머리말 ★ 4

이 고비만
넘기면 돼!

도대체 함수가 뭐야?

1장

내 이름은 숙!
내 친구는 신!

    나는 16살 김숙. '숙熟'은 익어 간다는 뜻으로 어제보다 나은 오늘을 만들라고 할머니가 지어 주신 이름이다.

    한데 요즘의 나는 어제보다 낫기는커녕 말 그대로 최악이다. 짜증과 분노가 뒤섞여 있다. 눈빛도 뭔가 멍하고. 예전엔 이런 눈빛이 아니었는데…. 확실히 수학 성적이 떨어지면서 상태가 악화되었다. x니, y니 하는 그 괴물 같은 문자들이 나오면서 말이다.

    초등학교 땐 문제를 풀면 항상 딱 떨어지는 답이 나왔다. 그런데 중학교 수학에서는 a와 b를 곱하면 ab가 된다고 하곤 그걸로 끝이다! 이게 무슨 소리냐고! 곱했으면 답을 말해야지!

    문자들이 대거 등장하면서 내 동공은 더 작아졌다. 그와 함께 수학 성적도 하락, 하락, 하락! 그 하락의 절정은 함수였다.

    어둠의 나락으로 정신없이 떨어지던 나에게 감사하게도 한줄기 빛이 비치기 시작했다. 신이란 아이와 친해지면서부터.

    "함수는 개념을 정확히 아는 게 가장 중요해. 개념이 흔들리면 함수가 어려워지지."

    늘 이런 식이다.

    신이는 정말 수학을 좋아한다. 그리 잘생기지는 않았지만 나는 신이처

10

럼 반짝이는 눈을 가진 아이를 본 적이 없다. 헤어스타일은 좀 깨지만.

신이 덕에 조금씩 수학의 늪에서 빠져 나오고 있던 어느 날, 내 인생에 또 한 번 심쿵한 일이 일어났다. 나의 취향을 저격해 버린 수학 쌤, 썸 쌤이 등장한 것이다.

나는 왜 수학 잘하는 사람만 보면 이렇게 정신을 못 차릴까?

이제 곧 수학 시간이다.

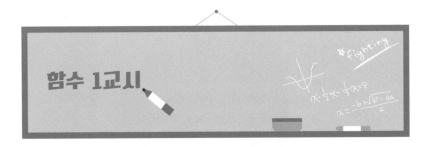

함수 1교시

선생님! 함수란 도대체 뭔가요?
아무리 생각해도 잘 모르겠어요!

함수란, 변하는 한 양(x)이 정해지면 거기에 따라서 다른 한 양(y)이 단 하나 정해지는 대응관계를 말하는 거야.

좀 더 쉽게 얘기해 볼까?

함수의 뜻과 조건

우리 동네에는 '싸다'라는 이름의 슈퍼마켓이 있어. 그곳에 가서 요즘 인기 있는 허니깡 과자를 골랐지.

허니깡 과자를 산다고 할 때 구매하는 수량과 지불해야 하는 금액 사이의 관계를 생각해 보자.

허니깡 가격이 1,500원이라면, 허니깡을 1개 살 때 지불해야 하는 금액은 1,500원이야. 2개 사면 3,000원, 3개 살 때는 4,500원. 이렇게 허니깡 개수(x)에 따라 지불해야 하는 금액(y)이 하나씩 정해지지.

자, 허니깡의 수와 지불해야 하는 금액 사이에 어떤 관계가 있는 거 같지? 그 관계를 말로 표현할 수도, 글로 표현할 수도 있지만 그러면 너무 길어지니까, 대신 문자의 힘을 빌려서 식으로 표현해 볼까?

허니깡의 개수를 x라고 하고, 허니깡의 개수에 따라 지불해야 하는 금액을 y라고 하면, x와 y 사이의 관계를 식으로 표현할 수 있어.

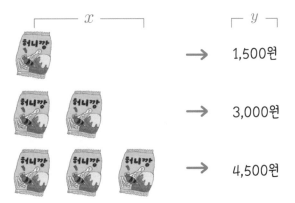

허니깡의 개수(x)에 따라 지불해야 하는 금액(y)은 허니깡 개수(x)×
1500이니까, 그 관계식은 $y=1500x$이지. 이때 x에 따라 y가 하나씩 정해
지니까 y를 x의 함수라고 한단다. 쉽지?

그렇다면 이건 함수일까, 아닐까?
'어떤 자연수와 그 수의 배수'라는 대응관계.

어떤 수가 3이면, 3의 배수는 3, 6, 9…
4이면, 4의 배수는 4, 8, 12…
5이면, 5의 배수는 5, 10, 15…
……

x이면, x의 배수는 x, $2x$, $3x$, $4x$…

어떤 수는 3일 수도, 4일 수도 있고 5일 수도 있지. 이렇게 변하는 수를 '변수'라고 해. 여기서 변하는 하나의 양은 어떤 자연수(x)이고, 이 자연수에 따라 정해지는 양은 그 수의 배수(y)잖아.

그렇다면 이 관계가 함수일까?

아니야. 이 관계는 함수의 조건인 '하나의 양(x)이 정해지면 거기에 따라서 단 하나의 양(y)이 정해진다'에 맞지 않잖아. 하나의 양(x)이 정해지면 거기에 따라 x, $2x$, $3x$ 등 여러 개의 양(y)이 정해지잖아. 그러니 '함수'가 아니야.

이와 같이 어떤 대응관계가 함수인가를 판단하기 위해서는 함수의 조건을 떠올리고 그 조건에 맞는가를 생각해 봐야 해. 꼬옥 명심해!

함수의 조건

변하는 한 양(x)이 정해짐에 따라, 다른 양(y)이 하나씩만 정해지는 두 양 사이의 대응관계를 함수라고 한다.

1분 동안 사과 주스를 20ml씩 먹는다고 할 때, 주스를 마시는 데 걸리는 시간과 마신 주스의 총량 사이의 관계는 함수일까?

풀이를 위한 생각

먼저 함수의 조건을 떠올려 봐. 주어진 문제에서 변하는 양(x)과 이에 따라 정해지는 양(y)이 무엇인지를 찾아 보고 그 관계가 함수의 조건에 맞는가를 생각하면 돼.

 풀이

1분에 20ml를 마신다면

2분이면 40ml,

3분이면 60ml,

4분이면 80ml,

5분이면 100ml와 같이 시간이 1, 2, 3, 4, 5분으로 정해짐에 따라 마신 사과 주스의 총량은 20ml, 40ml, 60ml, 100ml와 같이 하나씩 정해진다.

따라서 '시간'이 정해짐에 따라 내가 마신 '주스의 양'은 하나만 정해지니까 '주스의 양'은 '시간의 함수'이다.

쌤의 퀴즈 2 상자 속에 작은 구슬이 30개 들어 있다. 이때 상자에 손을 넣어 원하는 수만큼 구슬을 꺼낼 때, '꺼낸 구슬의 수와 그 수의 약수'의 관계는 함수일까?(단, 1개 이상은 꺼내야 한다.)

풀이

변하는 양은 상자에서 꺼내는 구슬의 개수이다. 그리고 꺼낸 구슬의 수에 따라 약수가 정해진다.

상자에서 구슬을 1개 꺼내면   1의 약수는 1

2개 꺼내면   2의 약수는 1, 2

3개 꺼내면   3의 약수는 1, 3

4   4의 약수는 1, 2, 4

......

30   30의 약수는 1, 2, 3, 5, 6, 10, 15, 30

상자에서 꺼낸 구슬의 수에 따라 정해지는 그 수의 약수는 하나가 아니기 때문에 이 관계는 함수가 아니다.

 만약 '꺼낸 구슬의 수와 그 수의 약수의 개수'와의 관계가 함수냐고 묻는다면요?

오호, 아주 좋은 질문이야. 상자에서

구슬 1개를 꺼내면 1의 약수는 1. 그러니까 약수의 개수는 1

구슬 2개를 꺼내면 2의 약수는 1, 2. 그러니까 약수의 개수는 2

구슬 3개를 꺼내면 3의 약수는 1, 3. 그러니까 약수의 개수는 2

상자에서 꺼낸 구슬의 개수에 따라 정해지는 약수의 개수도 하나이기 때문에 이 관계는 함수가 맞아.

구슬의 개수(x)   약수의 개수(y)

1 ······················· 1

2 ······················· 2

3 ······················· 2

⋮   ⋮

변수 x가 정해짐에 따라, 변수 y가 하나만 정해지는 대응관계일 때, y는 x의 함수라고 하잖아요. 그러면 y가 함수라는 건가요?

함수란, x와 y 사이의 대응관계를 말하는 거야. 변수 x가 정해짐에 따라 y가 하나씩 정해지는 거지. 이럴 때 y를 x의 함수라고 하는 거야. x에 따른 y의 값을 함숫값이라고 하는데 기호로는 f(x)로 나타낸단다.

여기서 f는 function(함수)을 뜻하는 거야. x에 대하여 정해지는 y가 x의 함숫값이야. 그래서 y를 f(x)라고 나타내지.

 쌤의 퀴즈 3 함수 f(x)=3x+5에 대하여 x가 −1, 4일 때의 함숫값을 구하여 보자.

풀이

x=−1일 때, 함숫값은 f(−1)이다.

y=f(x)=3x+5이므로,

f(x)=f(−1)=3(−1)+5=−3+5=2

x=4일 때, f(4)=3(4)+5=12+5=17

그러므로 x=−1일 때 함숫값 f(−1)=2

x=4일 때 함숫값 f(4)=17이다.

> **풀이를 위한 생각**
> 함숫값이란 y가 x의 함수일 때, x에 대응되는 y의 값을 말하는 거야. 여기서 x=−1일 때 함숫값이란 f(−1)인 거지. 그러니까 말이야, f(x)=3x+5에 x 대신에 −1을 대입하면 돼.

깨알 익힘

1. 사과는 한 개에 1,000원, 배는 한 개에 1,500원이다. 다음 (1), (2)로 제시된 조건이 함수인지 아닌지를 설명하라. 또, 함수인 경우엔 관계식을 구하라.

    (1) 사과의 개수와 총 가격 사이의 관계

    (2) 사과와 배를 섞어서 10,000원어치 샀을 때, 사과와 배의 개수 사이의 관계

2. 다음 중 y가 x의 함수인 것은?

    ① $x+y=1$ ② $x^2+y^2=0$ ③ $x=y^2$ ④ $xy=34$(단 $x \neq 0$, $y \neq 0$)

3. 함수 $f(x)$가 $y=2x+1$이라는 관계일 때, 다음을 구하면?

    (1) $f(3)+1$

    (2) $f(2x)$

    (3) $f(x+1)$

풀이

1. (1) 사과의 개수 : x, 사과 x개의 가격 : y

    사과를 x개 사면 그 총 가격은 $1000x$원으로, x가 정해짐에 따라 y가 단 하나

정해진다. 따라서 함수이며, 그 관계식은 다음과
같다.

$y=1000x$

(2) 사과의 개수 : x, 배의 개수 : y

사과 x개의 총 가격은 $1000x$(원),

배 y개의 총 가격은 $1500y$(원)이므로

둘을 섞어서 10,000원어치를 샀을 때 식으로

나타내면 $1000x+1500y=10000$이다.

사과의 개수 x가 1일 때 배의 개수 y는 6이다.

x가 4일 때 y는 4, x가 7일 때 y는 2이다.

사과의 개수에 따라 배의 개수가 단 하나 정해지므로 함수이다.

그 관계식은 $1000x+1500y=10000 \Rightarrow y=-\frac{2}{3}x+\frac{20}{3}$이다.

2. ① $x+y=1 \Rightarrow y=-x+1$이므로, 각 x에 대하여 단 하나의 y가 정해지므로 함수이다.

② $x^2+y^2=0 \Rightarrow y^2=-x^2$은 하나의 x에 대하여 y의 값이 한 개 또는
두 개가 존재한다. 따라서 이 관계는 함수가 아니다.

③ $x=y^2 \Rightarrow y^2=x$이므로 하나의 x에 대하여 y의 값이 한 개 또는
두 개가 존재한다. 따라서 이 관계는 함수가 아니다.

④ $xy=34 \Rightarrow y=\frac{34}{x}$이므로 하나의 x에 대하여 단 하나의 y값이 정해지므로 함수이다.

3. (1) $f(3)=2\times3+1=7$인데 $f(3)+1$을 구하는 것이므로 $f(3)+1=7+1=8$

(2) $f(2x)=2(2x)+1=4x+1$

(3) $f(x+1)=2(x+1)+1=2x+3$

함수와 방정식은 뭐가 다른 거야?

 함수는 정말 만만치가 않아. 함수는 대체 왜 배우는 거람.

함수가 얼마나 유용한데. 만약 함수를 모른다면 우주 밖의 어떤 커다란 운석이 지구를 향해 돌진했을 때, 언제 지구와 충돌할지 시간을 계산하지 못할 거야! 그래서 우리는 대비할 수도 없고. 하지만 함수를 아니까 시간에 따라 운석의 위치가 어떻게 변화하는지를 관측해서 그 대응관계를 이용하여 운석이 지구에 도착하는 시간을 계산할 수 있잖아.

 아, 매 시간마다 변하는 운석의 위치가 함수의 조건을 만족하는구나. 피, 그렇지만 커다란 운석이 떨어지면 어차피 다 죽는 거 아냐? 그럼 함수가 무슨 의미가 있어.

함수가 거기에만 쓰이는 건 아니지. 날씨 주기를 이용한 기온 예측이나 경제 성장 속도 등등, 두 양 사이의 대응관계인 함수를 이용하는 것이 얼마나 많은데.

 그래, 인정! 그렇지만 함수가 어렵다고! 난 방정식도 함수인 것 같아. 그 차이를 모르겠다고!

함수를 식이라고 생각해서 그런 것 같은데. 내가 백만 번째 말하지만 함수는 변하는 한 양이 정해짐에 따라 다른 양이 하나씩 정해지는 대응관계야. 식 자체가 함수가 아니고, 함수라는 대응관계를 식으로 표현한 것이라고.

 함수란 식이 아니라 대응관계라…. 하지만 $y=f(x)$라는 식에 x 자리에 어떤 수를 넣으면 y의 값이 정해지잖아. 그럼 방정식 아닌가?

방정식은 그 등식을 참이 되게 하는 미지수를 구하는 것이 목적이잖아. 예를 들면 $2x+4=12$라는 식에서 참이 되게 하는 미지수 x의 값을 구하는 것이 방정식이야. 그런데 함수식은 미지수 x의 값을 구하는 것이 목적이 아니라 변하는 x의 값에 따라 y의 값인 $f(x)$가 어떻게 변하는지, 그 관계를 나타내는 게 목적인 거야.

 방정식은 단순하군, 답을 구하는 것이 목표이니. 난 한 수 위인 함수 같은 존재가 되어야겠다.

1. 함수의 뜻과 표현을 얼마나 이해했는지 다음 ㉠, ㉡, ㉢, ㉣에 알맞은 말이
   나 기호를 써 넣어 보면,

   (1) 두 변수 x, y에 대하여 x의 값이 정해짐에 따라 변수 y의 값이 하나씩 정
       해질 때, y를 x의 ㉠함수라 하고, 이것을 기호로 ㉡ $y=f(x)$와 같이 나타
       낸다.

   (2) 함수 $y=f(x)$에서 x값이 정해짐에 따라 하나로 정해지는 y의 값을 x의
       ㉢함숫값이라고 하며, 이것을 기호로 ㉣ $f(x)$와 같이 나타낸다.

2. 다음에서 y가 x의 함수인 것을 찾고, 함수가 아닌 것은 그 이유를 설명해
   보면,

   (1) 시속 113km로 달리는 치타가 x시간 달린 거리 $y$km
       여기서 변하는 양은 시간과 시간에 따른 거리이다. 시간(시)이 정해짐에
       따라 달린 거리(km)가 하나씩 정해진다. 따라서 거리(y)는 시간(x)의
       함수이다. 시간(x)×속력(113)=거리(y)이므로 관계식은 $y=113x$이다.

   (2) 넓이가 113m²인 직사각형 모양 꽃밭의 가로 길이가 xm이고,
       세로 길이가 ym
       꽃밭에서 변하는 양은 가로와 세로의 길이이다. 주어진 넓이 113m²의

직사각형에서 가로의 길이(x)에 따라 세로의 길이(y)는 단 하나 정해진다.
따라서 직사각형의 세로 길이(y)는 직사각형의 가로 길이(x)의 함수이며
함수식은 $y=\dfrac{113}{x}$이다.

3. 두 함수 $f(x)=\dfrac{5}{6}x$, $g(x)=\dfrac{9}{x}$에 대하여 $g(3)=a$일 때, $f(a)=g(b)$를 만족하는
b의 값을 찾아보면,

 <u>$g(3)$은 $x=3$일 때, $g(x)$의 값을 말한다.</u>

따라서 $g(x)=\dfrac{9}{x}$에서 x에 3을 대입하면 $g(3)=\dfrac{9}{3}=3$, $a=3$이다.

$a=3$이니까 a 대신에 3을 $f(x)=\dfrac{5}{6}x$에 대입하면,

$f(3)=\dfrac{5}{6}\times3$이니까 $f(3)=\dfrac{5}{2}$이다.

그런데 $f(a)=g(b)$라고 했으니 $f(3)=g(b)$라는 얘기지!

그러면 $f(3)=\dfrac{5}{2}$, $g(b)=\dfrac{9}{b}$이니까 $\dfrac{9}{b}=\dfrac{5}{2}$를 풀면 된다.

$\dfrac{9}{b}=\dfrac{5}{2}$에서 대각선으로 곱하면(비례식의 성질 때문),

$5b=18$, $b=\dfrac{18}{5}$ 따라서 $b=\dfrac{18}{5}$이다.

변하는 양이 뭔지를 찾는 게 중요!

2장

정비례
함수

난 그렇게 생각하지 않았는데! 🌿

　도서관에서 독후감 과제를 하려고 보니 깜박하고 교실 책상 서랍에 두고 온 것이 생각났다. 오랜만에 과제 좀 잘 해 보려고 했더니….

　깜깜한 복도 끝 우리 반 교실엔 불이 켜져 있었다. 수정이 혼자서 공부를 하고 있었던 것이다.

　"혼자 공부하고 있는 거야? 추운데 도서관에서 하지."

　수정이는 이어폰을 꽂고 있어서 내가 온 줄도 모르는 듯했다. 툭 치자 깜짝 놀라며 수정이가 고개를 들었다.

　"아, 숙이구나."

　"춥지 않아?"

　수정이는 고개를 젓더니 다시 책상으로 시선을 던졌다.

　매정한 기집애. 나한테 왜 왔는지 묻지도 않네.

　"수정아! 집에 언제 갈 거야?"

　"응?"

　"집에 언제 갈 거냐고!"

　"모르겠어. 이거 끝내고 가려고…. 왜?"

　"아니… 나도 좀 늦어질 것 같거든. 같이 갈까 해서."

　내가 그렇게 말하자 수정이가 쳐다보았다.

"같이 갈 친구 없어? 너 친구 많잖아."

"뭐? 지금 뭐래니? 절친이랑 집에 같이 가고 싶으니까 묻는 거잖아."

"우리가 절친이었나? 집에 갈 때 친구 없으면 같이 가는 그런 친구 아니었어?"

"뭐라고?"

수정이 말을 듣고, 가만 생각해 보았다. 수정이가 몇 번이나 집에 같이 가자고 했는데, 그때마다 시험을 망쳐서 기분이 엉망인 상태였다. 그래서 시험 잘 봤냐는 수정이의 말에 쌀쌀맞게 대꾸하며 같이 갈 사람이 있다고 했던 것 같다. 아마 수정이는 그때 일로 마음이 많이 상했던 거겠지? 나는 그냥 속이 상해서 생각 없이 그런 거였는데.

내 마음이나 생각을 수정이에게 솔직하게 표현했어야 했는데….

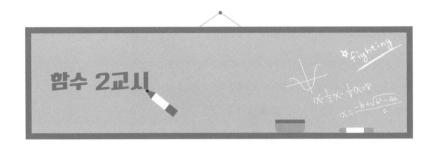

함수 2교시

눈을 보니 첫사랑 생각이 나네.

첫사랑 얘기해 주세요~.

하하하. 그때는 바보 같아서 내 마음을 제대로 표현하지도 못했지.

에이~ 시시해.

자자, 나는 비록 첫사랑에 실패했지만, 너희는 열심히 표현해서 함수에 실패하지 말도록! 그런 의미에서 함수의 표현을 공부해 보려고 해. 표현이 중요하다니까! 함수의 표현에는 수식, 표, 순서쌍, 그래프 등이 있지.

오늘은 먼저 정비례 함수에 대해 알아보고 정비례 함수를 표현하는 여러 방법들에 대해 얘기해 보자.

변수 x, y 사이에 $y=ax(a\neq0)$인 관계가 있을 때, y는 x와 정비례 관계이며, 이와 같은 대응관계를 정비례 함수라고 한단다.

정비례 관계가 함수인 이유는 변수 x가 정해짐에 따라 y가 하나씩 정해지기 때문이다. 정비례 함수는 x에 대한 y값인 $\frac{y}{x}$가 a로 항상 같지.

($y=ax$에서 $a=\frac{y}{x}$이니까.)

$a\neq0$이어야 하는 건 $a=0$이면 y는 항상 0이기 때문이란다.

정비례 함수는 수식뿐만 아니라 표나 순서쌍, 그리고 그래프로 그 관계를 표현할 수 있어.

어제가 일요일이었잖아. 너희들은 어떻게 보냈니? 선생님은 친구들과 북한산 둘레길에 갔었어. 겨울 산은 정말 기대 이상이던걸. 난 구름정원길에서 출발을 했어. 약 5km/h의 속력으로 걸었고. 어떻게 속력을 아냐고? 휴대전화 앱을 이용해서 측정했거든. 다른 친구들도 그 속력을 유지하면서 함께 걷기 시작했어.

그런데 걷다 보니 몇몇 친구들이 둘러볼 곳이 있다며 반대 방향으로 간 거야. 우리들은 할 수 없이 그 친구들이 되돌아오기를 기다려야 했어.

그렇다면 여기서 대응관계를 찾아볼까. 그리고 우리가 찾은 함수를 표현해 보자구.

 쌤의 퀴즈 1 선생님은 약 5km/h의 속력으로 일정하게 걸었어. 이 속력으로 구름정원길에서 옛성길, 그리고 평창마을길에서 명상길까지 걸었다면 내가 걸은 거리는 시간의 함수일까?

(1) 함수인지 알아보기

(2) 표와 관계식으로 나타내기

(3) 그래프로 나타내기

> **풀이를 위한 생각**
> 함수란 변하는 양이 정해짐에 따라 단 하나의 값이 정해질 때, 그 관계를 함수라고 해. 그렇다면 일정한 속력 5km/h로 걸을 때, 시간이 정해짐에 따라 걸은 거리가 단 하나로 정해지는가를 생각하면 되지.

풀이

(1) 함수인가?

내가 걸은 시간이 1, 2, 3, 4, 5…로 시간이 정해짐에 따라 걸은 거리가 5, 10, 15, 20, 25…로 하나씩 정해지므로 거리는 시간의 함수이다.

(2) 표와 관계식으로 나타내기

시간을 x라고 하고 거리를 y라고 하면, 시간이 변함에 따라 걸은 거리를 표와 관계식으로 나타내 볼 수 있다. 먼저 표로 나타내 보면 다음과 같다.

잠깐, 여기서 잊으면 안 되는 부분이 있다. 반대 방향으로 갔던 친구들도 있거든. 반대 방향으로 갔던 친구들은 간 만큼 다시 되돌아와야 했으니 −(음의 방향)로 생각하자.

x(시간)	−5	−4	−3	−2	−1	0	1	2	3	4	5
y(km)	−25	−20	−15	−10	−5	0	5	10	15	20	25

위의 표를 보면, x가 −5, −4, −3, −2, −1, 0, 1, 2, 3, 4, 5…와 같이 1씩 커질 때, y는 −25, −20, −15, −10, −5…와 같이 변하지. 따라서 y는 x의 5배이므로, 식으로 표현하면 $y=5x$이다.

(3) 그래프로 나타내기

함수의 관계식을 그래프로 나타내기 위해서는 먼저 좌표평면 상에 x와 y의 순서쌍을 점으로 나타내야 해. 순서쌍이란 변수 x와 y의 값을 (x, y)와 같이 각각 짝지어 나타내는 거야.

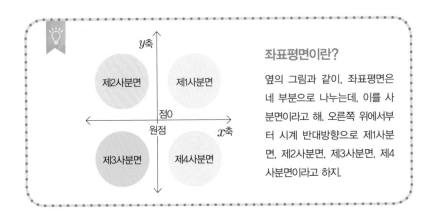

좌표평면이란?

옆의 그림과 같이, 좌표평면은 네 부분으로 나누는데, 이를 사분면이라고 해. 오른쪽 위에서부터 시계 반대방향으로 제1사분면, 제2사분면, 제3사분면, 제4사분면이라고 하지.

그럼 순서쌍을 좌표평면에 나타내 볼까?

함수 $y=5x$에서 $x=1$일 때, $y=5$이므로 순서쌍은 (1, 5)로 나타낼 수 있지. 순서쌍을 좌표평면에 나타내 볼까. 먼저 x축에서 1을 지나는 수선을 그리고, y축에서 5를 지나는 수선을 그린 후 두 수선이 만나는 점을 표시해. 그 점이 순서쌍 (1, 5)의 위치를 나타내는 거야.

그 점을 A라고 하면, 점A의 좌표는 (1, 5)가 되는 거지.

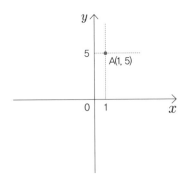

수학에선 순서쌍 같은 점을 나타낼 때는 알파벳 대문자로, x축, y축 같은 직선을 나타낼 때는 알파벳 소문자로 쓴다는 것을 기억하도록!

함수 $y=5x$에서 x가 -5, -4, -3, -2, -1, 0, 1, 2, 3, 4, 5일 때 y의 값을 (2)에서 다음과 같은 표로 나타냈었지?

y(시간)	-5	-4	-3	-2	-1	0	1	2	3	4	5
x(km)	-25	-20	-15	-10	-5	0	5	10	15	20	25

이제 이 표의 x값과 y값을 순서쌍으로 만든 후, 아래 좌표평면에 나타내어 보자.

(-5, -25) (-4, -20) (-3, -15) (-2, -10) (-1, -5) (0, 0)

(1, 5) (2, 10) (3, 15) (4, 20) (5, 25)

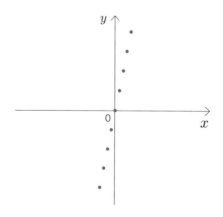

함수 $y=5x$에서 x값 사이의 간격을 점점 작게 해서 그에 대응하는 y값을 표로 나타낼 수 있지? 그 표를 다시 함수 $y=5x$의 그래프로 나타내 보면 어떻게 그려질까?

점들 간의 간격이 줄어들면 결국 그 점들은 모두 연결되어 아래 그림과 같이 원점을 지나는 직선이 되는 거야.

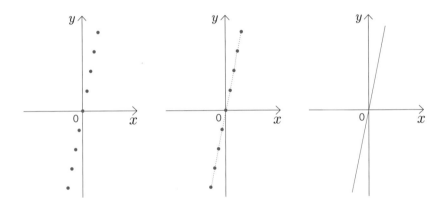

그럼 만약 함수식이 $y=5x$가 아니라 $y=-5x$라면 그래프를 어떻게 그려야 하나요?

$y=-5x$도 마찬가지로 x와 y의 순서쌍을 좌표평면에 나타내 보면 되지. $y=ax(a\neq0)$에서 $a<0$인 경우도 $a>0$인 경우의 그래프를 그리는 방법과 같아. 식을 알고 있으니까 표나 순서쌍을 구해서 그 순서쌍을 좌표인 점으로 좌표평

면에 나타내면 되잖아.

함수 $y=-5x$에 대한 그래프를 수 전체 범위로 그리기 위해서는 표를 만들어서 x와 y의 순서쌍을 점으로 몇 개를 찍고 그 점들을 연결하면 돼.

x(시간)	⋯	−5	−4	−3	−2	−1	0	1	2	3	4	5	⋯
y(km)	⋯	25	20	15	10	5	0	−5	−10	−15	−20	−25	⋯

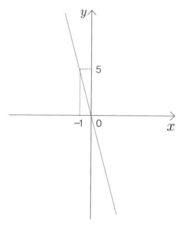

그런데 이 함수는 x의 값이 늘어남에 따라 y의 값이 줄어들잖아요. 그러면 반비례 함수가 아닌가요?

하하. 그렇게 오해하기 쉽지만 아니야. 정비례 함수는 두 변수 x와 y 사이의 관계가 $y=ax$($a \neq 0$)와 같은 식으로 표현될 때를 말한단다. x가 늘어날 때 y가 함께 늘어나는 함수를 가리키는 게 아니란 말이지.

예를 들면 $y=-3x$인 경우는 x가 늘어날 때 y는 줄어들
잖니. 그리고 너희에게 익숙하지 않은 형태인 $y=\dfrac{x}{5}$도 정
비례 함수야. 그러니까 정비례 함수란, x에 대한 y의 비
가 a로 일정한 대응관계 $y=ax(a{\neq}0)$인 관계를 말하는
거야.

그럼 반비례 함수는 어떨까? 나중에 다시 다루겠지만 잠깐만 살펴볼까.
변수 x, y 사이에 $y=\dfrac{a}{x}(a{\neq}0)$인 관계가 있을 때, y는 x의 반비례 함수
라고 하는 거야. xy의 곱이 a로 항상 일정하지.

다시 정비례 함수로 돌아와서 정비례 함수의 그래프가 어떤 성질을 갖고
있는지 자세하게 알아볼까.
함수식 $y=-6x$, $y=-3x$, $y=-2x$, $y=-x$, $y=x$, $y=2x$, $y=3x$, $y=6x$의
그래프들을 그려 보자.
먼저 x와 y의 값을 순서쌍으로든, 표로든 나타내어 좌표평면에 점을 찍
고, 그 점들의 간격을 아주 좁히고 좁히면 어떻게 될까를 상상하면서 직선
으로 연결해 보면 되겠지?
그려 보면, 각 함수식에 대한 그래프는 다음과 같이 될 거야. 그래프를
그릴 때 간단하게 각 식에 $x=1$, -1을 대입하여 $f(-1)$, $f(1)$을 구해서 좌표점
으로 나타내고 원점과 연결해서 직선으로 나타내면 돼.

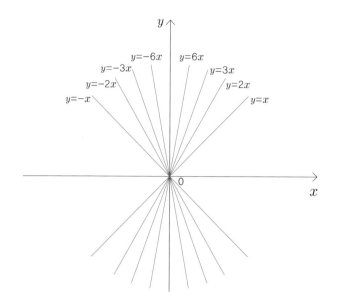

   $y=ax$에서 a의 값을 변화시켜 보니 어떤 성질이 보이지? 그 성질을 정리해 보자.

▍ y=ax(a≠0)의 그래프

   정비례 함수에 대한 관계식은 $y=ax$(a≠0)이며,
   정비례 함수에 대한 그래프는 항상 원점을 지나는 직선이다.

   a〉0일 때, 왼쪽 아래에서 오른쪽 위로 향하는 원점을 지나는 직선.
            (제1, 3사분면)

a<0일 때, 왼쪽 위에서 오른쪽 아래로 향하는 원점을 지나는 직선.

(제 2, 4사분면)

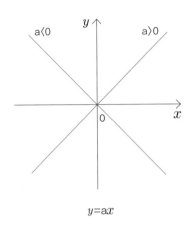

$y=ax$

쌤의 퀴즈 2 제시된 문장을 읽고, 정비례 함수를 나타내는 문장을 관계식, 표, 그래프로 나타내 보자.

우리가 좋아하는 크루아상이나 츄러스는 버터와 밀가루가 주재료다. 크루아상은 루이 16세의 왕후인 오스트리아의 마리 앙투아네트에 의해 프랑스에 전해진 빵이고 츄러스는 에스파냐의 전통 음식이다.

빵을 먹으면 살이 찌는 이유는 칼로리와 관련이 있다. 빵의 주성분인 버터와 밀가루는 탄수화물과 지방으로 이루어져 있고 이 두 영양소는 칼로리가 아주 높다. 탄수화물의 칼로리는 1g당 4kcal고, 지방은 1g당 9kcal이다.

여기서 정비례 관계를 찾아보자.

탄수화물의 양을 x라고 할 때, 이에 대응되는 칼로리를 y라 하면, 탄수화물 x의 양이 정해짐에 따라 그 양에 대한 칼로리 y의 값이 하나씩 정해지므로 y는 x의 함수라고 할 수 있을 거야.

지방의 경우도 마찬가지로 지방의 양과 칼로리의 관계는 함수이지. 그렇다면 다음 과제를 해결해 볼까?

(1) 탄수화물의 양과 이 양에 따른 칼로리가 정비례 관계라고 할 때 관계식을 구해 보자.

(2) 위의 글을 읽고 지방의 양과 이 양에 따른 칼로리에 대한 표를 만들고, 관계식을 구해 보자.

(3) 제시된 그래프를 보고 관계식을 구해 보자.

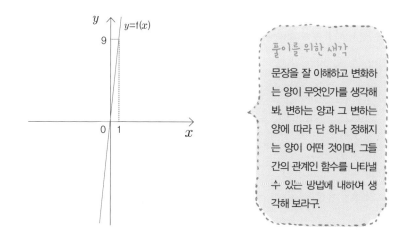

풀이를 위한 생각

문장을 잘 이해하고 변화하는 양이 무엇인가를 생각해 봐. 변하는 양과 그 변하는 양에 따라 단 하나 정해지는 양이 어떤 것이며, 그들 간의 관계인 함수를 나타낼 수 있는 방법에 대하여 생각해 보라구.

(1) 관계식 구하기

탄수화물의 양을 x라 하고, 칼로리를 y라고 하면, x가 늘어남에 따라 y가 일정한 비율로 늘어나는 정비례 함수이다. 정비례 함수에 대한 관계식은 $y = ax$이므로 탄수화물의 양과 칼로리에 대한 함수 관계식은 $y = ax$이다. 여기서 a의 값을 찾아야겠지?

탄수화물 $\underset{x}{\underline{1g당}}$ $\underset{y}{\underline{4kcal}}$라고 했으니 $x = 1$일 때, $y = 4$를 대입한다.

$y = f(x) \Rightarrow y = ax$

$4 = 1 \cdot a$

a = 4이므로 관계식은 $y = 4x$이다.

(2) 표를 만들고 관계식 구하기

다음 표에서 x를 지방의 양이라고 하고, y를 이에 대응되는 칼로리라고 할 때, 위의 글을 읽으면 지방 1kg당 칼로리가 9kcal이므로 지방의 양이 1, 2, 3, 4, 5g일 때, y의 값을 구할 수 있다.

다음 표를 완성하자.

x	1	2	3	4	5
y	9	18	27	36	45

위의 표를 보면 $y = f(x)$는 정비례 함수이다. 따라서 관계식이 $y = ax$이므로 x와 y의 값을 대입하여 (1)과 같이 관계식을 구할 수 있다.

$y = f(x) \Rightarrow y = ax$

$9 = 1 \cdot a$

$a = 9$이므로 관계식은 $y = 9x$이다.

(3) 그래프를 보고 관계식 구하기

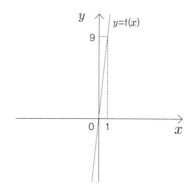

위의 그래프는 원점을 지나는 직선이므로 정비례 함수이지. 정비례 함수의 관계식은 $y = ax$이다. 함수의 관계식을 그래프를 보고 구하기 위해서는 그래프가 지나는 점을 확인한다.

(1, 9)로 $x = 1$일 때, $y = 9$이므로 $y = ax$에 대입하여 a를 구한다.

$y = ax$의 그래프가 (1, 9)를 지난다는 것은 $x = 1$을 대입할 때 $y = 9$가 된다는 것을 의미한다.

따라서 $y = ax$에서 $x = 1$, $y = 9$를 대입하면

$9 = a \cdot 1$이므로 $a = 9$이다.

따라서 $y = 9x$이다.

1. 다음 설명 중 맞는 것을 모두 골라라.

   ① 정비례 함수의 관계식은 $y=ax+b(a \neq 0)$이다.

   ② 직녀가 1km씩 갈 때마다, 견우가 2km씩 간다고 할 때, 견우가 움직인 거리는 직녀가 움직이는 거리의 정비례 함수이다.

   ③ $y=x+1$은 x가 커짐에 따라 y도 커지므로 정비례 함수이다.

   ④ $y=-x$는 x의 값이 커짐에 따라 y는 작아지므로 정비례 함수가 아니다.

   ⑤ 정비례 함수에 대한 관계식은 $y=ax$이다.

   ⑥ $y=\dfrac{x}{2}$는 정비례 함수이다.

2. 함수 $y=f(x)$에 대해 y가 x에 정비례하고 $f(1)=2$일 때, 다음 함숫값을 구하면?

   (1) $f(2)$

   (2) $f(-1)$

3. 어떤 정수기는 2L의 물을 정수하는 데 3분이 걸린다고 한다. x분 동안에 정수되는 물의 양을 yL라 할 때,

(1) 정수한 물을 y(L)라고 하고, 정수하는 시간을 x(분)라 하면 y가 x의 함수이다. 이때 x, y 사이의 관계식을 구하라.

(2) 2시간 동안 정수한 물의 양은 얼마인가?

풀이를 위한 생각

식을 만들 때 단위를 1로 만드는 게 중요하다. 3분일 때 2L이면 1분일 때 몇 L?

😊 풀이

1. ① 정비례 함수에 대한 관계식은 $y=ax(a≠0)$이다. $y=ax+b(a≠0)$는 정비례 함수가 아니라 일차함수이다.

② 직녀가 1, 2, 3…x(km)를 갈 때, 견우는 2, 4, 6…$2y$km를 간다.
직녀가 움직인 거리를 x(km)라고 하고, 견우가 움직인 거리를 y(km)라고 하면 견우가 움직인 거리와 직녀가 움직인 거리 사이에는 $y=2x$라는 관계가 성립된다. 관계식이 $y=ax(a≠0)$ 꼴이므로 정비례 함수이다.

③ $y=x+1$은 $y=ax(a≠0)$ 꼴이 아니므로 정비례 함수가 아니다.

④ $y=-x$는 $y=ax(a≠0)$ 꼴이므로 정비례 함수이다.

⑤ 정비례 함수에 대한 관계식은 $y=ax$이며 반드시 $a≠0$이어야 한다.

⑥ $y=\dfrac{x}{2}$는 $y=\dfrac{1}{2}x$와 같으니 $y=ax(a≠0)$ 형태이므로 정비례 함수이다.

따라서 정비례 함수는 ②, ④, ⑥이다.

2. 먼저 $y=f(x)$의 관계식을 구해야 한다.

　그런데 $y=f(x)$가 정비례 함수라고 했기 때문에 그 관계식은 $y=ax$ 꼴이다.

　f(1)=2이므로, x에 1을 대입하면

　y의 값 f(1)은 2라는 뜻이다.

　따라서 f(1)=a·1=2, a=2

　그러므로 f(x)=2x이다.

　f(x)=2x에 x값 2와 −1을 대입하면

　(1) f(2)=2·2=4이고

　(2) f(−1)=2·(−1)=−2이다.

3. (1) 정수기가 2L를 정수하는 데 3분이 걸리므로 1분 동안에는 $\frac{2}{3}$L를 정수할 수 있다.

　　따라서 정수한 물의 양(y)이 시간(x)의 함수일 때, 그 관계식은 $y=\frac{2}{3}x$이다.

　(2) 2시간을 분으로 바꾸면 120분이다. 그런데 f$(x)=\frac{2}{3}x$이므로, 2시간 동안 정수한

　　물의 양은 f(120)의 값이다. 따라서 f(120)=$\frac{2}{3}$(120)=80L이다.

함수와 함수에 대한 표현은 달라

 가만 생각해 보니까 난 어떤 관계가 함수인지를 생각할 때, 식이 있으면 함수라고 여겼는데, 내 생각이 잘못된 거였어.

푸하하. 나도 전엔 그렇게 생각했었지. 하지만 썸 쌤의 수업으로 확실하게 알았어. 변하는 한 양이 정해짐에 따라 다른 양이 단 하나 정해지는 대응관계가 함수이고, 그 관계가 구체적으로 어떤 것인지를 표현하는 방법이 $y=f(x)$인 함수식이라는 것을. 표, 순서쌍, 식 등은 함수의 표현일 뿐이야. 그러니까 식이 반드시 있어야 하는 것은 아니야.

 그런데 그래프도 어렵단 말이야. 점(1, 2)가 $y=2x$가 그래프 위에 있다는 건 무슨 뜻이야?

함수식 $y=2x$를 표나 순서쌍 (x, y)로 나타낼 수 있지? 바로 그 순서쌍 (x, y)를 좌표평면에 나타낼 때 x의 값을 수 전체로 하면 원점을 지나는 직선 그래프가 되잖아.
그러니까 점(1, 2)가 $y=2x$ 그래프 위에 있다는 것은 $x=1$을 함수식 $y=2x$에 대입하면 $y=f(1)=2$가 된다는 거야.

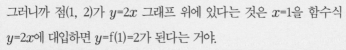 수학적 표현법을 잘 이해해야겠군!

1. 함수 $y=ax(a \neq 0)$ 그래프의 성질을 알아보기 위하여 a의 값을 변화시켜서 그래프를 그려 보았다.

    (1) $y=x$, $y=3x$

    (2) $y=-\dfrac{2}{3}x$, $y=-\dfrac{1}{4}x$

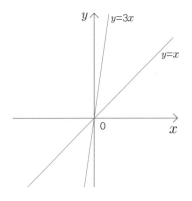

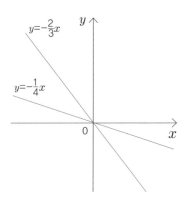

2. 함수 $y=ax(a \neq 0)$의 그래프를 그려 본 결과, 그래프의 성질은 다음과 같다.

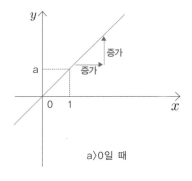

a>0일 때

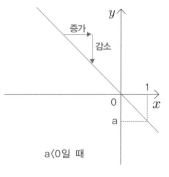

a<0일 때

(1) 원점을 지난다.

(2) a>0인 경우, 제1사분면과 제3사분면을 지나고 오른쪽 위를 향하는 직선이며, x의 값이 증가함에 따라 y의 값도 증가한다.

(3) a<0인 경우, 제2사분면과 제4사분면을 지나며 오른쪽 아래를 향하는 직선으로 x의 값이 증가함에 따라 y의 값은 감소한다.

3. 두 정수 a, b에 대하여, a+b<0, ab<0, |a|>|b|일 때 좌표평면 위의 점(a, b)는 제 몇 사분면에 있는지를 구하는 과정은 다음과 같다.

> 점(a, b)가 몇 사분면인가를 구하기 위해서는 주어진 조건을 이용하여 a와 b의 부호를 찾아야 한다.

ab<0이므로 a와 b의 부호가 다르다는 것이다. 그 이유는

① a>0, b<0이면 (+)·(−)=(−)이므로 ab<0이다.

② a<0, b>0이면 (−)·(+)=(−)이므로 ab<0이다.

따라서 ab<0이라는 것은 ①, ②의 경우이다.

그런데 a+b<0이므로 절댓값이 큰 쪽의 부호가 음수(-)인 것이다.

거기에 주어진 조건이 |a|>|b|이므로

절댓값이 큰 a<0, 절댓값이 작은 b>0일 테니 점(a, b)는 제2사분면에 있는

점이다.

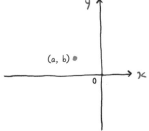

반비례 함수

누구나
상처는 있어!

　무엇 때문인지 모르겠지만, 난 중학교 1학년 때부터 계속 환경미화부장이다. 3학년 때도 예외는 아니다. 방과 후 마무리를 위해 남았던 아이들이 모두 가고 신이와 나만 남았다. 날이 금세 어두워져서 창문에 달이 살짝 걸려 있었다.

　신이는 저녁으로 싸 온 김밥을 입 안에 가득 물고 말했다.

"중학교는 졸업할 거야. 그런데 고등학교는 갈까 말까 생각 중이야."

"뭐? 김밥 먹으면서 무슨 비빔밥 같은 소리를! 넌 전교 3등이야!"

"난 김밥에 햄 들어간 게 싫어. 내가 몇 번을 말씀드렸는데도 우리 엄마는 왜 매번 잊으시는지…."

나는 김밥을 넘기면서 딴청을 피우는 신이를 째려보았다.

"야! 너 다시는 그런 얘기 꺼내지도 마! 알겠어? 이리 내! 햄은 내가 다 먹을 거야!"

"있잖아… 숙…."

"왜? 또 무슨 소리를 하려고."

신이는 칠판에 이상한 그래프를 그렸다.

"그게 뭐냐? 이상한 소리 하기만 해 봐!!"

"이 그래프가 요즘 내 기분이야."

"올라갔다 내려갔다가 너무 심한데? 가로축과 세로축은 뭔데?"

"보면 모르냐? 가로축은 시간의 흐름이야. 세로축은 기쁨의 크기고. 3일

간의 내 기분을 나타낸 거야. 오늘이 수요일이지? 그러니까 일요일 아침 6시부터 화요일 저녁 9시까지를 나타낸 거야. 저렇게 생긴 곡선이 계속 반복되고 있는 거지."

"음…조울증인가? 큭큭."

"그럼 이게 나으려나?"

신이는 다른 그래프를 그렸다.

"엥? 하루 종일 기분이 똑같아? 그게 가능하냐? 인간이 말이야!"

"그렇지? 헤헤."

맑게 웃는 신이 얼굴에서 빛이 났다. 창문에 걸린 달보다도 더 밝았다.

어떤 상처든 약은 있다. 상처는 꽁꽁 싸매 두면 더 깊어진다. 서늘한 공기를 쐬어야 한다. 아프다고 알려야 나을 수 있다. 신이는 어떤 상처 때문에 학교를 그만 다니려는 걸까? 왜 기분은 요동을 치는 걸까?

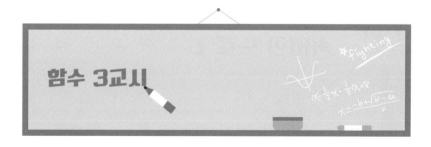

함수 3교시

오늘은 뜨듯한 욕조에 들어가 몸을 푸욱 담그고 만화책을 보고 싶은 그런 날이네. 그치?

목욕탕에 물을 받으면 틀어 놓은 시간에 따라 일정한 높이만큼 물이 차 오르잖아. 옛날 사람들은 과연 그 상황을 지켜보면서 함수를 떠올렸을까? 물을 틀어 놓은 시간과 받아지는 물의 양의 관계를 보며 말이야.

아마 그랬겠죠. 옛날 사람들은 똑똑하니까.

하하. 아니란다. 옛날 사람들은 함수라는 형식화된 개념이나 용어를 생각하지는 못했어. 하지만 변하는 양들 사이에 어떤 관계가 있다는 것은 발견했고 그것을 처음에는 그래프로 나타냈지. 주로 별들의 움직임이 시간에 따라 어떻게 변하는가를 나타냈었어.

그래프로요? 저희들은 그래프가 더 어려운데요?

고대 그리스나 바빌로니아 사람들이 지금처럼 좌표평면 위에 그렸던 것은 아냐. 천체의 움직임을 지그재그로 나타내면서 물체의 움직임을 대략적으로 따라 그렸었어. 그러다가 '함수'라는 용어나 f(x)라는 기호, 수식을 사용한 것은 17세기에 이르러서야.

그래프에 대해 공부하면 어떤 함수가 어떤 관계인지를 그래프를 통해서 이해하는 것이 훨씬 쉽다는 걸 알게 될 거야.

아래 그래프는 한겨울 내 방 안의 기온 변화를 그래프로 나타낸 거야. 방의 온도 변화가 이렇게 일어난 이유를 생각해 볼래?

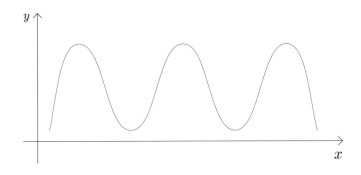

온도가 올라갔다가 내려갔다가 하네요. 방의 보일러를 켰다 껐다 했나 봐요.

가로축과 세로축을 각각 무엇이라고 생각했니?

가로축이 시간, 세로축은 온도라고 생각했어요.

맞았어. 가로축이 시간이고 세로축이 온도야. 그렇다면 이 그래프를 보고 변하는 두 양 사이의 관계가 함수라는 것을 알 수 있겠니?

매 시간마다 대응되는 온도는 단 하나로 정해지니까 온도를 시간의 함수라고 할 수 있지요. 시간과 온도가 함수의 조건을 만족하고 있어요.

잘 이해하고 있구나.

그렇다면 이 함수의 관계식은 어떻게 되나요?

함수라고 해서 반드시 $y = f(x)$라는 함수식으로 표현할 수 있는 것은 아니란다. 함수의 조건에도 함수식에 대한 얘기는 없었잖아.

헉! 함수라고 해서 반드시 식으로 나타낼 수 있는 것은 아니라는 말씀인가요?

그렇지. 함수의 조건은 식으로 나타낼 수 있는가 없는가가 아니야. 변수 x가 정해짐에 따라 단 하나의 y가 정해지면 y를 x의 함수라고 하잖아.

하지만! 함수를 반드시 식으로 나타낼 수 있는 건 아니지만 중학교 과정에서 우리가 배우게 되는 정비례 함수와 반비례 함수, 일차함수, 이차함수는 모두 식으로 나타낼 수 있긴 하단다.

시간에 따른 방의 기온과 같은 관계도 보렴. 함수이지만 식으로 표현이 되지 않잖아. 또 1월에서 2월까지 매일 해가 뜨는 시각을 측정했을 때 날짜와 해가 뜨는 시각의 관계도 함수지만 식으로 나타낼 수 없어.

이와 같이 식으로 표현이 불가능한 함수는 표나 그래프로 나타낼 수 있지. 오늘은 식으로 표현이 가능한 반비례 함수를 알아볼까.

반비례 함수의 표현

변수 x, y 사이에 $y=\frac{a}{x}(a\neq0)$인 관계가 있을 때, y는 x의 반비례 함수라고 하지. 이때 $y=\frac{a}{x}(a\neq0)$이므로, $xy=a(a\neq0)$이지? 그러니까 반비례 함수에선 x와 y의 곱이 항상 a로 일정하단다.

반비례 함수를 그래프로 표현하기 위해서는 함수식 $y=\frac{a}{x}(a\neq0)$에 x값을 대입하여 y값을 구한 뒤 표나 순서쌍으로 나타내면 돼. 그렇게 구해진 표나 순서쌍을 좌표평면 상에 점으로 나타내고 그 점들을 연결하여 함수의 그래프를 완성할 수 있지.

쌤의 퀴즈 1   25m²에 심을 수 있는 만큼의 팬지가 있어. 우리 학교 본관 뒤에 심는다고 해 보자. 그러면 가로와 세로가 몇 m인 직사각형 꽃밭을 만들 수 있을까? 가로를 x라 하고 세로를 y라고 할 때, 넓이 25m²인 꽃밭을 만들기 위해서는 가로와 세로 길이를 어떻게 조절할 수 있을까? 이

꽃밭의 가로와 세로는 어떤 관계일까?

(1) 함수인지 알아보기

(2) 관계식으로 나타내기

(3) 표를 이용하여 그래프로 나타내기

(4) (3)의 그래프에서 x가 $x>0$인 수 전체인 경우의 그래프 그리기

(1) 함수인가?

넓이 25m²에 팬지들을 심으려고 한다. 이때 가로 길이 x가 정해지면
이에 따라 세로 길이인 y도 단 하나 정해진다. 따라서 세로는 가로의
함수이다.

(2) 관계식으로 나타내기

직사각형 모양 꽃밭의 넓이가 25m²이다. 따라서 가로(x)와 세로(y)

의 곱은 항상 25이므로 x와 y 사이의 관계는 반비례 함수이다.

$xy = 25(xy=a)$.

위의 식을 y에 대하여 정리하면 x와 y의 관계식은 $y=\dfrac{25}{x}(x>0)$이다.

(3) 표를 이용하여 그래프로 나타내기

관계식 $y=\dfrac{25}{x}(x>0)$를 이용하여 x의 값이 1, 2, 3, 4, 5로 늘어남에 따라 y의 값이 어떻게 되는지를 표로 나타내 보자.

x	1	2	3	4	5
y	25	$\dfrac{25}{2}$	$\dfrac{25}{3}$	$\dfrac{25}{4}$	5

위의 표에서 구한 x와 y값의 순서쌍을 좌표평면에 점으로 나타낼 수 있다.

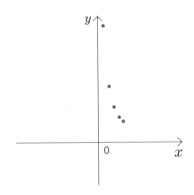

(4) (3)의 그래프에서 x가 $x>0$인 수 전체인 경우의 그래프 그리기

$y=\dfrac{25}{x}$에서 x의 값 사이의 간격을 점점 작게 하여 그에 대응하는 함숫값 y를 구해 표와 그래프로 나타내자.

x	$\dfrac{1}{2}$	1	$\dfrac{3}{2}$	2	$\dfrac{5}{2}$	3	$\dfrac{7}{2}$	4	$\dfrac{9}{2}$	5
y	50	25	$\dfrac{50}{3}$	$\dfrac{25}{2}$	10	$\dfrac{25}{3}$	$\dfrac{50}{7}$	$\dfrac{25}{4}$	$\dfrac{50}{9}$	5

위의 표로 구한 x와 y의 값을 다음과 같이 좌표평면에 나타낸다.

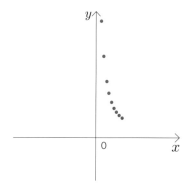

이와 같이 함수 $y=\dfrac{25}{x}$에서 x의 값 사이의 간격을 점점 작게 하여 x의 값을 수 전체로 하면 함수 $y=\dfrac{25}{x}$의 그래프는 다음과 같은 곡선이 된다.

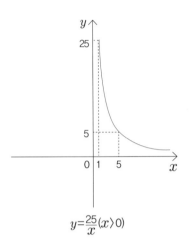

$$y = \frac{25}{x} \, (x > 0)$$

 꽃밭이 있다면 실제 가로와 세로의 길이는 모두 0보다 크겠죠? 그런데 $x < 0$인 경우에는 그래프가 어떻게 그려지는지도 궁금해요. 함수 $y = \frac{25}{x}$에서 x의 값을 0을 제외한 수 전체로 하면 그래프는 어떻게 그려지나요?

일단 x의 값에서 0을 제외해야 해. 왜냐하면 0으로 나누는 것은 불가능하니까. 자 그럼, x가 양의 정수인 경우($x > 0$)에 그래프를 그렸던 방법을 x가 음수인 경우($x < 0$)에도 똑같이 적용시켜 볼까.

음수($x < 0$) x의 값을 몇몇 정해 $y = \frac{25}{x}$에 대입해서 계산한 후 표로 나타내고, 그 값을 좌표평면에 점으로 찍으면 되지.

그 뒤 x의 값을 확장하여 $x>0$인 경우와 $x<0$인 경우의 그래프를 함께 그려 보면 된단다.

함수 $y=\dfrac{25}{x}$에서 x의 값 $\cdots-3, -2, -1, 1, 2, 3\cdots$에 대응하는 함숫값 y를 구하여 표와 좌표평면에 나타내면 다음과 같다.

x	$\cdots$	-10	$\cdots$	-4	-3	-2	-1	1	2	3	4	$\cdots$	10	$\cdots$
y	$\cdots$	$-\dfrac{5}{2}$	$\cdots$	$-\dfrac{25}{4}$	$-\dfrac{25}{3}$	$-\dfrac{25}{2}$	-25	25	$\dfrac{25}{2}$	$\dfrac{25}{3}$	$\dfrac{25}{4}$	$\cdots$	$\dfrac{5}{2}$	$\cdots$

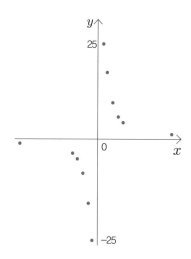

이와 같은 방법으로 x값 사이의 간격을 점점 작게 하여 0을 제외한 x에 대한 y의 값을 함수식 $y=\dfrac{25}{x}$에 대입하여 구한 후, 좌표평면에 나타내면 돼. 그럼 다음과 같이 두 좌표축에 접근하면서 한없이 뻗어 나가는 한 쌍

의 곡선이 그려진다는 것을 알 수 있지.

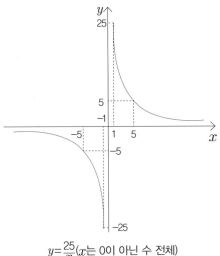

$$y = \frac{25}{x}(x\text{는 0이 아닌 수 전체})$$

자, 이번엔 다양한 반비례 함수를 그려 볼까. 반비례 함수 $y = \frac{1}{x}$, $y = \frac{3}{x}$, $y = \frac{5}{x}$의 그래프를 각각 그려 보자.

x의 값을 –3, –2, –1, $-\frac{1}{2}$, $\frac{1}{2}$, 1, 2, 3과 같이 몇 개를 정해서 함수식 $y = \frac{1}{x}$, $y = \frac{3}{x}$, $y = \frac{5}{x}$에 대입하여 y의 값을 구한다. 표나 순서쌍 (x, y)을 좌표평면 상에 각 점으로 찍어 보자.

점들의 간격을 눈에 보이지 않을 정도로 좁히면 각 점들이 연결되어 곡선이 되겠지? 이러한 상상을 하면서 위의 제시된 점을 찍고 그 점들을 연결하여 그래프를 그리면 다음과 같아.

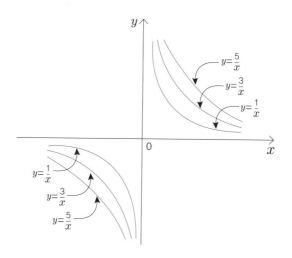

위의 그래프를 보면 a>0인 경우는 제1사분면과 제3사분면에 그려지며, a의 값이 커짐에 따라 x, y축으로부터 그래프인 곡선이 점점 멀어진다는 것을 알 수 있을 거야. 정리하면 다음과 같아.

$y=\dfrac{a}{x}(x\neq 0)$의 그래프 (a>0일 때)

반비례 함수에 대한 관계식은 $y=\dfrac{a}{x}(x\neq 0)$이며, $y=\dfrac{a}{x}(x\neq 0)$의 그래프는 두 좌표축에 접근하면서 한없이 뻗어 나가는 한 쌍의 매끄러운 곡선이다.

a>0일 때, 제1사분면과 제3사분면을 지나고, $x>0$, $x<0$에 대하여 각각 x의 값이 증가하면 y의 값은 감소한다.

a의 값이 커질수록 x, y축으로부터 그래프가 점점 멀어진다.

1. 다음 중 반비례 함수인 것을 찾고, 그 함수식도 구하라.

   (1) 봉사 활동으로 어린이집의 담장을 칠하는데 서희가 혼자 하면 4시간 걸리고, 견우가 혼자 하면 3시간 걸린다. 일정한 속도로 두 사람이 일을 함께해서 페인트칠을 마쳤다고 할 때, 두 사람이 일한 시간 사이의 관계

   (2) 30g의 설탕을 물에 녹여 설탕물을 만들 때, 이때 만들어진 설탕물과 농도 사이의 관계

   (3) 넓이가 36cm²인 평행사변형의 밑변과 높이의 관계

   (4) 톱니의 크기는 같지만 그 수가 다른 두 개의 톱니바퀴 A와 B가 맞물려 있다. 톱니바퀴 B의 톱니 수가 30개이고, B와 맞물려 돌아가는 톱니바퀴 A는 분당 50번 회전한다. 이때 톱니바퀴 A의 톱니 수와 B의 분당 회전 수 사이의 관계

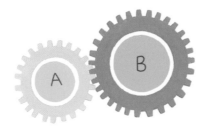

2. 함수 $y = f(x)$에 대해 y가 x에 반비례하고 $f(2) = 1$일 때, 다음 함숫값을 구하면 얼마인가?

　(1) $f(3)$

　(2) $f(-2)$

 풀이

1. (1) 담장 벽을 칠하는 일을 1이라고 하면 주어진 직사각형은 전체 일의 양이다.

　서희가 전체 일을 하는 데 4시간이 걸린다고 하니 1시간 동안 하는 일의 양은 $\dfrac{1}{4}$

　견우가 전체 일을 하는 데 3시간이 걸린다고 하니 1시간 동안 하는 일의 양은 $\dfrac{1}{3}$이 된다.

　서희와 견우가 함께 일을 하는데

　서희가 일하는 시간 : x

　견우가 일하는 시간 : y

　전체 일의 양을 1이라고 하면 다음과 같다.

$$\frac{1}{4}x + \frac{1}{3}y = 1$$

서희가 한 일의 양은 $\frac{1}{4}x$이고, 견우가 한 일의 양은 $\frac{1}{3}y$이다.

서희가 한 일의 양과 견우가 한 일의 양을 모두 합하면 1이 된다.

양변에 12를 곱하여 y를 x에 관하여 정리하면 다음과 같다.

$$3x + 4y = 12 \Rightarrow y = -\frac{3}{4}x + 3$$

$y = -\frac{3}{4}x + 3$은 $y = \frac{a}{x}$의 꼴이 아니므로

반비례 함수가 아니다.

(2) 설탕물의 양 : x, 설탕물의 농도 : y

설탕물의 농도(%) = $\dfrac{설탕의\ 양}{설탕물의\ 양} \times 100$이므로,

$y = \dfrac{30}{x} \times 100 \Rightarrow y = \dfrac{3000}{x}$

$y = \dfrac{3000}{x}$은 $y = \dfrac{x}{a}$ 꼴이므로

반비례 함수가 맞다.

(3) 평행사변형의 밑변 : x, 높이 : y

평행사변형의 넓이 = 밑변 × 높이

풀이를 위한 생각

이 문제를 읽고 제일 먼저 생각해야 하는 것은 '등식 만들기'이다. 어떻게 등식을 만들 수 있을까?

"서희와 견우가 함께 전체의 일을 마친다"를 등식으로 세운다는 생각을 해야 한다. 그러면 각각의 (시간당 하는 일)×(시간)의 합은 전체 일의 양인 1이 된다. 이를 위해 전체 일의 양을 '1'이라고 생각해야 한다.

풀이를 위한 생각

설탕물의 양에 따라 농도가 변하므로 설탕물의 양을 x로 둔다.

$xy=36 \Rightarrow y=\dfrac{36}{x}$

$y=\dfrac{36}{x}$ 은 $y=\dfrac{x}{a}$ 꼴이므로 반비례 함수가 맞다.

풀이를 위한 생각

이 문제를 풀기 위해서는 톱니 수의 비는 회전 수의 비와 반비례한다는 것을 떠올려야 한다. 등식을 세우기 위해 비례식을 이용한다.

(4) 톱니 수가 다른 두 개의 톱니바퀴가 맞물려 돌아갈 때, 톱니바퀴는 톱니 수가 많을수록 자신의 회전수는 적다는 것을 떠올려야 한다.

톱니바퀴 A의 톱니 수 : x

톱니바퀴 B의 분당 회전수 : y

톱니의 회전 수와 톱니의 수는 반비례하므로 관계식은 다음과 같다.

A의 톱니 수 : B의 톱니 수 = B의 분당 회전수 : A의 분당 회전수

$x : 30 = y : 50$

$30y=50x \Rightarrow y=\dfrac{50}{30}x \Rightarrow y=\dfrac{5}{3}x$

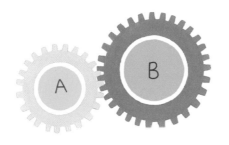

그러므로 톱니바퀴 A의 톱니 수 x와 톱니바퀴 B의 회전 수 y 사이의 관계는 정비례이다. 따라서 반비례 관계인 함수는 (2), (3)이다.

2. y가 x에 반비례하므로 관계식은 $y=\dfrac{a}{x}(x \neq 0)$이다.

   f(2)=1이므로, 함수식 $f(x)=\dfrac{a}{x}$에 대입하면, $f(2)=\dfrac{a}{2}=1$, a=2

   따라서 $y=\dfrac{2}{x}$이다.

   (1) f(3)은 x=3인 경우의 y값을 구한다.

      따라서 $f(x)=\dfrac{2}{x}$에 대입하면 $f(3)=\dfrac{2}{3}$이다.

   (2) f(-2)는 x=-2인 경우의 y값이므로, $f(x)=\dfrac{2}{x}$에 대입하면 $f(-2)=\dfrac{2}{-2}=-1$이다.

반비례 함수의 관계식 $y=-\frac{25}{x}(x\neq0)$인 경우는 그래프를 어떻게 그리나요?

$y=\frac{a}{x}$에서 a<0인 경우의 그래프가 궁금한 것이구나. 앞에서 함수 $y=\frac{1}{x}$, $y=\frac{3}{x}$, $y=\frac{5}{x}$와 $y=\frac{25}{x}$를 그렸던 것처럼 x의 값을 함수식 $y=\frac{a}{x}(x\neq0, a<0)$에 대입해 $f(x)$를 구한 후, 표를 만들어서 좌표평면에 나타내거나 순서쌍을 좌표평면에 점으로 찍으면 된단다. 그럼 $y=-\frac{25}{x}$의 그래프를 그려 볼까?

함수 $y=-\frac{25}{x}$에서 x의 값…-3, -2, -1, 1, 2, 3…에 대응하는 함숫값 y를 구하여 표와 좌표평면에 나타내면 다음과 같다.

x	…	−3	−2	−1	1	2	3	…
y	…	$\frac{25}{3}$	$\frac{25}{2}$	25	−25	$-\frac{25}{2}$	$-\frac{25}{3}$	…

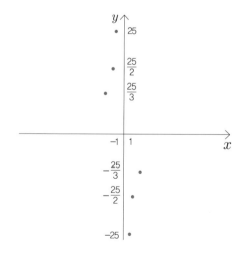

함수 $y=-\dfrac{25}{x}$에서 x값 사이의 간격을 점점 작게 하여 x의 값을 0을 제외한 수 전체로 하면, 함수 $y=-\dfrac{25}{x}$의 그래프는 다음과 같이 두 좌표축에 접근하면서 한없이 뻗어 나가는 한 쌍의 곡선이 된다.

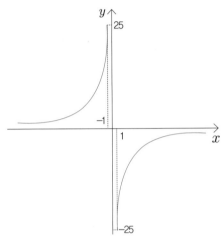

$y=-\dfrac{25}{x}$ (x는 0이 아닌 수 전체)

이번에는 함수 $y=-\dfrac{1}{x}$, $y=-\dfrac{3}{x}$, $y=-\dfrac{5}{x}$의 그래프를 그려 볼까.

$y=\dfrac{a}{x}$ (a≠0)에서 a<0인 경우에, a의 값이 변함에 따라 그래프가 어떻게 변화하는지 알아보려는 거야.

함수 $y=-\dfrac{25}{x}$를 그렸던 것처럼, x의 값을 -3, -2, -1, $-\dfrac{1}{2}$, $\dfrac{1}{2}$, 1, 2…와 같이 몇 개 정해서 함수식 $y=-\dfrac{1}{x}$, $y=-\dfrac{3}{x}$, $y=-\dfrac{5}{x}$에 각각 대입해 순서쌍을 구해 보자. 그런 다음 좌표평면 상에 점으로 찍고 그 점을 연결하여 곡선

으로 나타내면 돼.

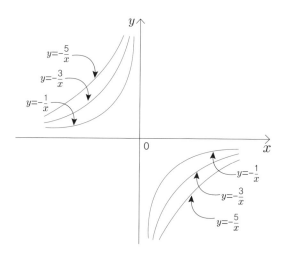

자! 위의 그래프를 바탕으로 $y = \dfrac{a}{x}(x \neq 0,\ a < 0)$ 그래프의 성질을 정리해
보자!

$y = \dfrac{a}{x}(x \neq 0)$의 그래프 (a<0일 때)

반비례 함수에 대한 관계식은 $y = \dfrac{a}{x}(x \neq 0)$이며, $y = \dfrac{a}{x}(x \neq 0)$의
그래프는 두 좌표축에 접근하면서 한없이 뻗어 나가는 한 쌍
의 매끄러운 곡선이다.

a<0일 때, 제2사분면과 제4사분면을 지나고, $x > 0$, $x < 0$에
대하여 각각 x의 값이 증가하면 y의 값도 증가한다.

a의 값이 커질수록 x, y축으로부터 그래프가 점점 멀어진다.

쌤의 퀴즈 2   우리 학교 본관 끝에는 3층 음악실로 가는 엘리베이터가 있잖니. 그 엘리베이터는 한 번에 1,500kg까지 사람을 태울 수 있지. 엘리베이터에 타는 사람들의 평균 몸무게를 x라고 하고, 탑승 가능한 인원수를 y라고 하자. 그렇다면 사람들의 평균 몸무게와 최대 탑승 인원수 사이에는 어떤 관계가 있을까?

(1) 위의 글을 읽고 평균 몸무게와 탑승 가능한 인원수에 대한 관계식을 구하기

(2) 위의 글을 읽고 표를 만들고, 관계식을 구하기

(3) 평균 몸무게와 인원수에 대한 함수의 그래프를 다음과 같이 그렸다
고 하자. 그래프가 옳다면 그 이유를 설명하고, 틀리면 틀린 이유를
쓰고 올바르게 그리기

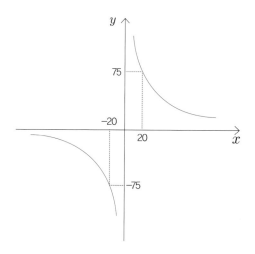

 풀이

(1) 글을 읽고 관계식 구하기

엘리베이터에 탑승하는 모든 인원들의 평균 몸무게에 따라 인원수가
정해지므로 다음과 같은 관계식이 성립한다.

(평균 몸무게) × (인원수) = (탑승 가능한 전체 인원의 몸무게)

따라서 평균 몸무게를 x(kg)라고 하고, 탑승 가능한 인원수를 y(명)라 하면, $x>0$, $y>0$이다. x에 대한 y의 함수 관계식을 구하면 다음과 같다.

$xy = 1500$

$y = \dfrac{1500}{x}$

(2) 표 $\Rightarrow$ 관계식

엘리베이터에 탑승할 수 있는 전체 몸무게가 1,500kg이므로 평균 몸무게(x)와 인원수(y)는 다음 표와 같다.

x	20	40	60	80	100
y	75	$\dfrac{75}{2}$	25	$\dfrac{75}{4}$	15

위의 표에서 x와 y의 곱은 항상 1500이므로 그 관계식은 다음과 같다.

$xy = 1500$

$y = \dfrac{1500}{x}$

(3) 제시된 함수의 그래프가 지나는 점은 (20, 75)와 (−20, −75)이므로 $y = \dfrac{a}{x}$ (a≠0)에 대입하여 a를 구한다.

$x=20$일 때, $x=75$이므로 $y = \dfrac{a}{x}$에 대입하면 다음과 같다.

$$75 = \frac{a}{20}$$

$$a = 75 \times 20 = 1500$$

$a = 1500$이므로,

$y = \dfrac{1500}{x}$이다.

그러나 x는 평균 몸무게이므로 $x > 0$이어야 한다. (-20, -75)는 함수의 그래프 $y = \dfrac{1500}{x}$를 지나지만 -20은 $x > 0$이라는 조건을 만족시키지 않는다. $x > 0$인 경우, 반비례 함수 $y = \dfrac{a}{x}$의 그래프는 제1사분면에서만 그려져야 한다. 따라서 위의 그래프는 틀린 것이다. 문제에 적합한 올바른 그래프는 다음과 같이 그려야 한다.

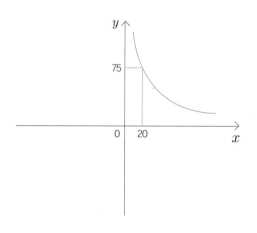

1. 함수 $y = \dfrac{a}{x}$의 그래프가 제시된 그림과 같을 때 ①, ②, ③, ④ 중에서 틀린 것은?

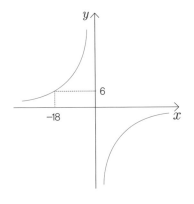

① $a + 108 > 0$

② $a + 109 > 0$

③ $|a| < 109$

④ $-a > 100$

2. 왼쪽 그림은 함수 $y = \dfrac{a}{x}$의 그래프이다.

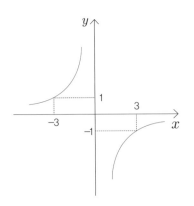

(1) a의 값을 구하라.

(2) 함수 $y = -\dfrac{a}{x}$와 함수 $y = \dfrac{a+1}{x}$의 그래프를 함수 $y = \dfrac{a}{x}$ 그래프와 함께 그려라.

3. $y=\dfrac{b}{x}$의 그래프가 다음과 같을 때 틀린 그래프는 어느 것인가?

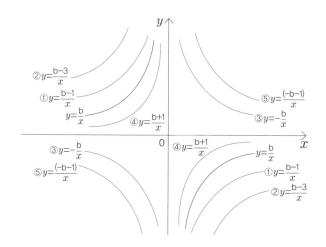

② $y=\dfrac{b-3}{x}$

① $y=\dfrac{b-1}{x}$

$y=\dfrac{b}{x}$

④ $y=\dfrac{b+1}{x}$

⑤ $y=\dfrac{(-b-1)}{x}$

③ $y=-\dfrac{b}{x}$

③ $y=-\dfrac{b}{x}$

⑤ $y=\dfrac{(-b-1)}{x}$

④ $y=\dfrac{b+1}{x}$

$y=\dfrac{b}{x}$

① $y=\dfrac{b-1}{x}$

② $y=\dfrac{b-3}{x}$

😊 풀이

1. 함수 $y=\dfrac{a}{x}$가 한 점 (−18, 6)을 지나므로

함수식 $y=\dfrac{a}{x}$에 $x-−18$을 대입하면 함숫값 f(−18)=6이어야 한다.

f(−18)=$\dfrac{a}{−18}$=6, $\dfrac{a}{−18}$=6, a=−108

a=−108이므로

① a+108=−108+108=0

② a+109=−108+109=1〉0

③ |a|=|−108|=108〈109

④ $-a=-(-108)=108 > 100$

따라서 ①이 틀린 것이다.

2. (1) 함수 $y=\dfrac{a}{x}$의 그래프가 점 $(-3, 1)$을 지나므로 $y=\dfrac{a}{x}$에

$x=-3$을 대입하면 $y=1$이 된다.

그러므로 $f(-3)=\dfrac{a}{-3}=1$, $\dfrac{a}{-3}=1$, $a=-3$

(2) (1)에 의해 $a=-3$이다.

따라서 함수 $y=\dfrac{-a}{x}=\dfrac{-(-3)}{x}=\dfrac{3}{x}$

함수 $y=\dfrac{a+1}{x}=\dfrac{(-3)+1}{x}=-\dfrac{2}{x}$ 이다.

그러므로 $y=-\dfrac{a}{x}$와 함수 $y=\dfrac{a+1}{x}$의 그래프를 그리면 다음과 같다.

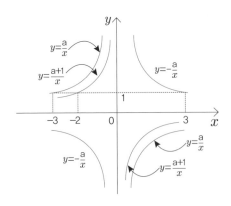

3. $y=\dfrac{b}{x}$는 제2, 4사분면에 그려졌기 때문에 b<0이다.

풀이를 위한 생각

이 문제의 경우 b를 특정한 수로 정해 놓고 문제에 대입해서 풀면 훨씬 쉽다.

① $y=\dfrac{b-1}{x}$ 에서 b<0이고, b-1은 b보다 작다.
따라서 b-1<b이다. 그런데 그 절댓값은
반대이므로 |b-1|>|b|가 된다. 따라서 ①의
그래프는 $y=\dfrac{b}{x}$보다 x, y축에서 더 멀어져서
그려야 한다. 따라서 옳다.

예를 들면 b=-2라면 |b|=|-2|=2이고 |b-1|=|-2-1|=|-3|=3이므로
①의 그래프가 더 x, y축으로부터 멀어져야 한다.

② $y=\dfrac{b-3}{x}$ 에서 b-3<b-1이며 |b-3|>|b-1|이므로
②의 그래프는 ①의 그래프보다 x, y축에서 더 멀어져서 그려야 한다. 따라서
옳다.

③ $y=-\dfrac{b}{x}$에서 b<0이므로 -b>0이다. 따라서 ③의 그래프는 옳다.

④ $y=\dfrac{b+1}{x}$ 에서 b<0이므로 b+1>b이다. 예를 들어 b=-2라고 한다면,
b+1=(-2)+1=-1이다. 따라서 |b+1|<|b|이므로
$y=\dfrac{b+1}{x}$ 은 $y=\dfrac{b}{x}$보다 x, y축에 가깝게 그려져야 한다.
따라서 ④의 그래프는 옳다.

⑤ $y=\dfrac{(-b-1)}{x}$에서 -b>0이므로 |-b|>|-b-1|이다. 따라서 $y=\dfrac{(-b-1)}{x}$의 그래프는
$y=-\dfrac{b}{x}$의 그래프보다 x, y축에 가까워야 한다. 따라서 틀리다.

틀린 것은 ⑤이다.

그러니까 반비례 함수는…

 반비례 관계라는 것은, x가 늘어남에 따라 그 늘어난 비율대로 y가 줄어드는 관계라는 거지?

함수식 $y = \dfrac{a}{x}$ (a≠0)에서 x와 a가 모두 자연수인 경우는 그래. 한 판의 피자를 나눠 먹을 때, 사람 수가 2, 3, 4, 5…로 늘어남에 따라 한 사람이 먹게 되는 피자의 양은 한 판의 $\dfrac{1}{2}$, $\dfrac{1}{3}$, $\dfrac{1}{4}$…로 줄어드는 것이 반비례 관계고, 사람 수가 정해짐에 따라 한 사람이 먹게 되는 피자의 양이 단 하나로 정해지니까 함수인 거지. 하지만 a<0인 경우는 x가 늘어나면 y도 늘어나잖아. 그래서 헷갈릴 수 있어. 그러니 반비례 관계는 x와 y의 곱이 일정한 관계라고 기억해 두는 게 좋아.(xy=a)

 먹는 걸 예로 드니 금방 알겠네. 아, 피자 먹고 싶다. 근데 반비례 함수식 $y = \dfrac{a}{x}$ (a≠0)에서 분모가 0이 될 수 없는 것은 이해가 되는데, 왜 a가 0이 되면 안 되는 거야?

만일 a=0이라면 함수의 방정식은 y=0이 되잖아. x에 상관없이 늘 0이 되기 때문에 반비례 함수가 안 되는 거야.

그렇구나. 그러면 반비례 함수라는 것을 알고 있으면 $y = \dfrac{a}{x}$ $(a \neq 0)$라는 식을 떠올릴 수 있으니까 그래프가 지나는 한 점만 알아도 함수식 $y = \dfrac{a}{x}$ $(a \neq 0)$에 지나는 점 (x, y)를 대입하여 a를 구할 수 있겠군. 이제야 함수가 조금씩 보이기 시작한다. 헤헤!!

아하! 이제야 함수가 이해가 되네!

숙이의 노트 3

1. 함수 $y=\dfrac{a}{x}\,(a\neq0)$ 그래프의 성질을 알아보기 위하여 a의 값을 변화시켜서 그 래프를 그려 보면,

   (1) $y=\dfrac{2}{x}$, $y=\dfrac{5}{x}$ (2) $y=-\dfrac{3}{x}$, $y=-\dfrac{5}{x}$

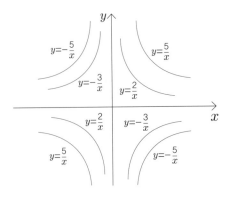

2. 1에서 함수 $y=\dfrac{a}{x}\,(a\neq0)$의 그래프를 그려 본 결과, 그래프의 성질은 다음과 같다.

   ① 원점을 지나지 않는다.

   ② 두 좌표축에 접근하면서 한없이 뻗어 나가는 한 쌍의 매끄러운 곡선이다.

   ③ a > 0인 경우, 제1사분면과 제3사분면을 지나고 $x>0$, $x<0$에 대하여 각 각 x의 값이 증가하면 y의 값은 감소한다.

④ a<0인 경우, 제2사분면과 제4사분면을 지나며 $x>0$, $x<0$에 대하여 각
각 x의 값이 증가하면 y의 값도 증가한다.

3. 다음 제시된 표를 보고 y를 x에 대한 식으로 나타내 보면,

x	−3	−2	−1	1	2	3
y	−4	−6	−12	12	6	4

방법1　표에 주어진 x와 y의 곱이 항상 일정하게 12이다($xy=12$). 따라서
함수의 관계식은 $y = \dfrac{12}{x}$이다.

방법2　표에서 주어진 x와 y의 곱이 항상 일정하므로 반비례 함수이다.
반비례 함수의 관계식이 $y = \dfrac{a}{x}$이므로,
$x=2$, $y=6$을 $y = \dfrac{a}{x}$에 대입하면 $6 = \dfrac{a}{2}$
$6 = \dfrac{a}{2}$의 양변에 2를 곱하면, $12 = a$
따라서 이 함수의 관계식은 $y = \dfrac{12}{x}$이다.

4. 다음 그림은 함수 $y = \dfrac{a}{x}$, $y = \dfrac{b}{x}$의 그래프이다. 이때 a, b의 값을 각각 구해 보면,

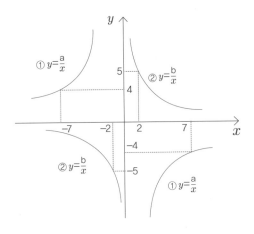

① $y = \dfrac{a}{x}$에서 a를 구하기 위해서, 함수 $y = \dfrac{a}{x}$의 그래프를 지나는 점들을 함수식 $y = \dfrac{a}{x}$에 대입하면 등식을 만족한다.

함수 $y = \dfrac{a}{x}$의 그래프를 지나는 점들 가운데 제시된 점은

(-7, 4), (7, -4)이다.

$y = \dfrac{a}{x}$에 위의 좌표점들 중 (-7, 4)를 대입하면, f(-7)=4이다. 따라서

f(-7)=$\dfrac{a}{-7}$=4, a=-28

①의 그래프의 함수식은 $y=-\dfrac{28}{x}$이다.

② $y=\dfrac{b}{x}$에서 b를 구하기 위해서, 함수 $y=\dfrac{b}{x}$의 그래프 상의 점들이 모두 함수식 $y=\dfrac{b}{x}$를 만족한다는 것을 이용한다.

함수 $y=\dfrac{b}{x}$의 그래프를 지나는 점들 가운데 제시된 점은

(-2, -5), (2, 5)이다.

$y=\dfrac{b}{x}$에 위의 좌표점들 중 (-2, -5)를 대입하면,

f(-2)=$\dfrac{b}{-2}$=-5, $\dfrac{b}{-2}$=-5, b=10이다.

따라서 ②의 그래프의 함수식은 $y=\dfrac{10}{x}$이다.

4장

일차
함수

나도 모르게 증가되는
너에 대한 관심은…

"재미없었어?"

영화를 보고 나오면서 신이가 물었다.

"아니, 재밌었는데!"

"재미있게 본 얼굴이 아닌데?"

"아니. 재밌었어. 좀 신기해서 그래."

"뭐가?"

난 신이에게 말했다. 영화에 대해 그다지 기대를 안 하고 봤는데, 영화가 시작된 순간부터 집중력이 한 치의 흔들림도 없이 시간이 지남에 따라 증가했다고. 시간이 1, 2, 3분 지남에 따라 내 흥미도 1, 2, 3으로 증가했다. 내 흥미의 단위가 무엇인지는 모르겠지만 어쨌든! 어떻게 그럴 수 있을까? 마지막 부분에선 눈물까지 흘렸다.

"너 혹시 남자 배우 때문에 그런 거 아니야?"

"뭐? 날 뭘로 보고. 내 스타일 아니거든!"

"그럼 뭐야?"

"한 분야에 집중해서 그런 열정을 쏟아낸다는 게 너무 감동적이더라구."

그 순간 신이가 레이저를 발사하며 나를 뚫어지게 보았다.

"그래서 네 BB크림이 지워진 거구나?"

"어? 지워졌어?"

나는 얼른 손거울을 꺼내서 얼굴을 보았다. 워낙 건성인 내 피부에 어설프게 얹혀져 있던 크림들이 내 눈물에 씻겨 나가면서 볼이 발갛게 올라와 있었다. 겨울이라 튼 것 같기도 했다. 난 얼른 크림을 꺼내 볼에 바르고 두들기면서 능청스럽게 말했다.

"내 흥미와 집중도는 뭐랄까… 영화가 상영되는 내내 그 시간에 대한 정비례 함수였다고 할 수 있지. 내 얼굴이 그것을 증명하잖아. 이 눈물은 그 함수에 대한 또 다른 표현이지."

도대체 내가 무슨 말을 하는지도 모르면서 신이에게 떠들어 댔다. 순간 신이가 걸음을 멈췄다.

"사실 나도 요즘 정비례 함수를 경험하고 있어. 음… 난 너와 이야기할수록 너에 대한 관심이 증가되거든. 영화를 보는 내내도 그렇고 끝난 순간, 그리고 지금도 계속. 그러니까 네 말대로 표현하자면, 너에 대한 나의 관심이 시간의 정비례 함수지!"

신이는 나를 뚫어지게 보면서 말했다. 난 그 순간 어떡해야 할지 몰랐다.

"야! 그런 게 어디 있어. 관심이 어떻게 계속 증가하냐? 하나도 재미없어! 떡볶이나 먹자! 아니다! 오늘 학원 숙제 해야 해. 나중에 먹자! 난 갈게. 너 혼자 먹고 오든가!"

"같이 가!"

난 신이가 고백을 한 게 아니라고 계속 되뇌이며 걸음을 재촉했다. 신이가 내 얼굴을 볼까 봐 더 빨리 걸었다.

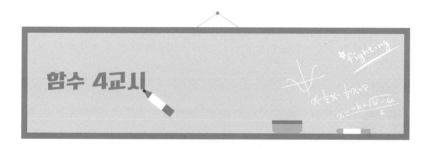

자! 함수에 대한 조건이나 개념은 정리가 되었지? 그럼 이제 한 단계 더 뛰어 올라가 볼까? 일차함수부터 얘기해 보자구.

y가 x의 함수일 때, 그 관계식이 $y = ax + b(a \neq 0)$처럼 y가 x에 관한 일차식으로 나타내어질 때 일차함수라고 하는 거야.

일차함수와 정비례 함수

정비례 함수는 일차함수인가요?
아님 일차함수가 정비례 함수인가요?

$y = ax + b(a \neq 0)$에서 b=0인 경우 정비례 함수 $y = ax$가 되는 거니까, 정비례 함수는 일차함수지!

하지만 일차함수 $y = ax + b(a \neq 0)$에서 b가 0이 아니면 x와 y는 서로 정비례 관계가 아니야. 정비례 관계는 변수 x, y 사이의 관계가 $y = ax(a \neq 0)$

이거든. 그러니 일차함수가 모두 정비례 함수는 아니야.

일차함수 $y=ax+b(a \neq 0)$에서 $b=0$이어야 정비례 함수란다.

그런데 일차함수 $y=ax+b$에서 왜 $a \neq 0$이어야 하나요?

'일차'라는 것은 x가 곱해진 횟수가 1번이라는 거야. 그래서 일차함수는 관계식이 $y=ax+b$이지. 그런데 $a=0$이면 x에 관한 일차함수가 아니라 그냥 $y=b$가 되잖아. x의 값과 관계없이. 따라서 a는 반드시 0이 아니어야 해. $b=0$이어도 되지만 말이야.

일차함수를 구체적인 예를 들어서 설명해 주세요!
어떤 관계인지 상상이 안 돼요.

그래! 일차함수에 대한 예를 찾아보자.

차가 막힐 때 유용한 '녹색 택시'는 다른 택시와 다르게 기본 요금이 1,500원이다. 녹색 택시는 시간과 상관없이 거리로만 계산이 된다. 거리 요금은 100m당 200원이다.

자, 녹색 택시에 대한 설명에서 함수인 관계를 찾고 설명해 보자.

이 택시를 타고 1, 2, 3, 4m…라는 거리를 움직이면 그 거리에 대하여 요금을 지불해야 해. 따라서 녹색 택시가 움직인 거리(x)가 정해짐에 따라서 요금(y)이 결정되므로 요금은 거리의 함수이지.

그럼 이 함수의 관계식을 구해 볼까. 녹색 택시는 100m당 200원이므로 1m를 가는 데 2원이 올라가지. 따라서 녹색 택시의 총 요금은 타고 가는 거리에 따른 요금에 기본 요금을 더하면 돼.

> 풀이를 위한 생각
> 단위를 1로 만드는 것이 중요하다.

택시가 1m 움직이면 요금은 2원이 올라가지.

택시가 2m 움직이면 요금은 4원이 올라가고

택시가 3m 움직이면 요금은 6원이 올라가.

……

택시가 움직인 거리를 x라고 하고, 그 거리에 따른 요금을 y라고 하면 표는 다음과 같아.

x(m)	0	1	2	3	4
y(원)	1500	$1500+2\times1$ $=1502$	$1500+2\times2$ $=1504$	$1500+2\times3$ $=1506$	$1500+2\times4$ $=1508$

이때 x, y 사이에는 $y=1500+2\times x$, 즉 $y=2x+1500$의 관계식이 성립하고, y가 x의 일차식으로 나타내어진다는 것을 알 수 있지.

이와 같이 y가 x의 일차식으로 나타내어질 때, 이 함수를 x에 관한 일차함수라고 한단다.

깨알 익힘 1

1. 다음 중 y가 x에 관한 일차함수인 것을 모두 찾아라.

   ① $y=-3x(x+1)+3x^2$ ② $y=2x(x+1)-1$ ③ $y=\dfrac{3x-1}{4}$ ④ $y=\dfrac{1}{x}$

2. 다음 중 y가 x에 관한 일차함수인 것을 모두 찾아라.

   ① 시속 $y$km로 x시간 동안 움직인 거리는 150km이다.

   ② 1,000원짜리 볼펜 x자루와 2,500원짜리 공책 한 권의 총 가격은 y원이다.

   ③ 한 변의 길이가 $x$cm인 정오각형의 둘레의 길이는 $y$cm이다.

   ④ 반지름의 길이가 $x$cm인 원의 넓이는 $y$cm²이다.

3. 일차함수 $f(x)=ax-4$에서 $f(2)=6$일 때, a의 값을 구하라.

😄 풀이

1. y가 x에 관한 일차식 $y=ax+b(a\neq0)$로 나타내어질 때, y가 x에 관한 일차함수이다.

   ① $y=-3x(x+1)+3x^2=-3x^2-3x+3x^2=-3x$이므로

x에 관한 일차함수이다.

② $y=2x(x+1)-1=2x^2+2x-1$에서 $2x^2+2x-1$이 x에 관한 일차식이 아니므로
일차함수가 아니다.

③ $y=\dfrac{3x-1}{4}$은 $y=\dfrac{3}{4}x-\dfrac{1}{4}$이므로 일차함수이다.

④ $y=\dfrac{1}{x}$은 $y=ax+b$의 꼴이 아니므로 일차함수가 아니다.

따라서 일차함수인 것은 ①, ③이다.

2. ① (거리)=(시간)×(속력)이므로, $x \times y=150$이다. $xy=150$에서 $y=\dfrac{150}{x}$이고, $\dfrac{150}{x}$은
x에 관한 일차식이 아니므로 일차함수가 아니다.

② 식으로 만들면 $1000x+2500=y$이다. $1000x+2500$은 x에 관한 일차식이므로
y가 x에 관한 일차함수이다.

③ 정오각형의 변(x)이 5개이므로, 정오각형의 둘레(y)는 $5x$이다.
$y=5x$에서 $5x$는 x에 관한 일차식이므로 y가 x의 일차함수이다.

④ 원의 넓이는 (반지름)×(반지름)×3.14이므로 $y=x^2 \times 3.14$이다.
$y=3.14x^2$은 x에 관한 일차식이 아니므로 일차함수가 아니다.

따라서 일차함수인 것은 ②, ③이다.

3. $f(2)=a(2)-4=2a-4=6$
$2a=10$, $a=5$

일차함수의 식은 항상 $y=ax+b$인 거죠?
그러면 일차함수 $y=ax+b$의 그래프는 어떻게 그리나요?

아주 좋은 질문이야. 예를 들어 볼게. 그릇 한 개의 높이가 10cm이며, 이 그릇을 한 개씩 겹쳐 놓을 때마다 전체 그릇의 높이는 2cm씩 높아지지.

x개의 그릇을 쌓아 올린 전체 그릇의 높이를 $y$cm라고 할 때 관계를 표로 나타내면 다음과 같아.

x(개)	1	2	3	4	5
y(cm)	$10+(1-1)\times2$ $=10$	$10+(2-1)\times2$ $=12$	$10+(3-1)\times2$ $=14$	$10+(4-1)\times2$ $=16$	$10+(5-1)\times2$ $=18$

그릇을 x개 쌓았을 때 쌓아 올린 그릇의 높이는 $(x-1)\times2$cm만큼 증가하므로, x와 y 사이에는 $y=10+(x-1)\times2$, 즉 $y=2x+8$의 관계식이 성립한단다. 이때 x, y의 값으로 이루어진 순서쌍 (x, y)를 좌표평면 위에 나타내면 다음 그림과 같지.

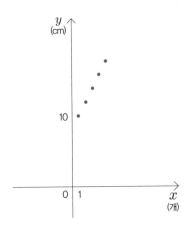

 일차함수 $y=2x+8$에서 x의 값을 수 전체로 하면
그래프는 어떻게 돼요?

 일차함수 $y=2x+8$에서 x의 값 $\cdots-6$, -5, -4, -3, -2, -1, 0, 1, 2, $3\cdots$에 대응하는 y의 값을 구하여 순서쌍 (x, y)로 나타내면 $\cdots$ $(-6, -4)$, $(-5, -2)$, $(-4, 0)$, $(-3, 2)$, $(-2, 4)$, $(-1, 6)$, $(0, 8)$, $(1, 10)$, $(2, 12)$, $(3, 14)\cdots$이므로 이를 좌표평면에 나타내면 〈그림 1〉과 같아.

 이전에 함수 $y=ax(a{\neq}0)$의 그래프를 그렸을 때와 마찬가지로 x값 사이의 간격을 점점 작게 하여 x의 값을 수 전체로 하면 그래프는 〈그림 2〉와 같은 직선이 되겠지?

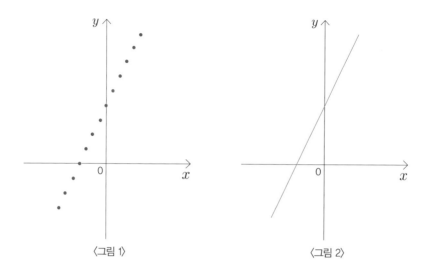

〈그림 1〉　　　　　　　　　　〈그림 2〉

　이처럼 x와 y의 값이 수 전체일 때, 일차함수 $y = ax + b(a \neq 0)$의 그래프는 $y = ax(a \neq 0)$의 그래프처럼 직선이 되는 거야.

일차함수의 평행이동

　　　그럼 일차함수 $y = 2x$의 그래프와 일차함수 $y = 2x + 8$의
　　　그래프는 관련이 있나요?

왜 그런 생각을 했지?

일차함수 $y=ax+b$에서 a는 0이 될 수 없잖아요. 그만큼 a의 값이 중요하잖아요. 그런데 일차함수 $y=2x+8$과 일차함수 $y=2x$는 a의 값이 같아요. 그래서 어떤 관계가 있을 거 같거든요.

하하하. 그런 생각을 하다니, 아주 예리한데. 자, 그럼 두 일차함수 $y=2x$와 $y=2x+8$에서 x의 값에 대응하는 y의 값을 계산해서 표로 나타내고, 그래프로도 그려 비교해 보자. 무엇이 보이는지 말이야.

우선 두 함수식 $y=2x+8$과 $y=2x$을 비교해 보면, $2x+8$은 $2x$에 8을 더한 식이야. 그러니까 함수 $y=2x+8$은 함수 $y=2x$보다 항상 y의 값이 8이 크다는 것을 알 수 있지.

같은 x값에 대하여 $y=2x+8$의 y값과 $y=2x$의 y값을 계산해 보면 다음 표와 같아.

x	⋯	-3	-2	-1	0	1	2	3	⋯
$y=2x$	⋯	-6	-4	-2	0	2	4	6	⋯
$y=2x+8$	⋯	2	4	6	8	10	12	14	⋯

역시나 함수 $y=2x+8$의 y값이 $y=2x$의 y값보다 항상 8만큼 크다는 것을 알 수 있지?

두 함수의 그래프를 통해서도 이 사실을 확인할 수 있어. 볼래?

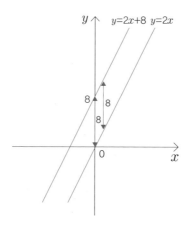

어때? 일차함수 $y=2x+8$은 $y=2x$의 그래프보다 y축으로 8만큼 위로 올라가 그려져 있지? 일차함수 $y=2x+8$의 그래프는 일차함수 $y=2x$의 그래프를 y축 방향으로 8만큼 평행하게 이동한 것이지.

일차함수 $y=2x$의 그래프는 원점인 점$(0, 0)$을 지나잖아. 그런데 일차함수 $y=2x+8$은 점$(0, 8)$을 지나고 있지? 원점을 y축으로 +8만큼 평행이동하면 $(0, 0)$ → $(0, 8)$로 이동하겠지?

그래프의 평행이동이라는 것은 그래프를 일정한 방향으로 일정한 거리만큼 옮기는 것을 말해. 일차함수 $y=2x$의 그래프를 y축으로 +8만큼 평행이동하면 $y=2x+8$ 그래프와 일치하지.

일차함수 $y=3x+1$의 그래프를 그리고, 그 그래프를 어떻게 평행이동해야 $y=3x$의 그래프와 겹쳐지는지를 설명해 보자.

풀이

일차함수 $y=3x+1$에서 x의 값 $\cdots-2$, -1, 0, 1, $2\cdots$에 대응하는 y의 값을 구하여 표로 나타내면 다음과 같다.

좌표	...	A	B	C	D	E	...
x	...	-2	-1	0	1	2	...
y	...	-5	-2	1	4	7	...

좌표평면 위에 점A, 점B, 점C, 점D, 점E를 찍는다.

점A는 $x=-2$, $y=-5$이므로 점A의 좌표는 A(-2, -5)이다. 이와 같이 일차함수 $y=3x+1$의 좌표 B, C, D, E를 좌표평면 상의 점으로 나타내고 그 점들을 직선으로 이으면 일차함수 $y=3x+1$의 그래프를 완성할 수 있다.

이번에는 일차함수 $y=3x$의 그래프를 그려 보자. 일차함수 $y=3x$의 그래프를 그리기 위해서 x의 값인 $\cdots-2$, -1, 0, 1, $2\cdots$에 대응하는

> **풀이를 위한 생각**
>
> 일차함수 $y=3x+1$의 그래프를 어떻게 그려야 할까? 먼저 x의 값에 대응하는 y의 값을 구하여 표로 나타내고, x, y의 값으로 이뤄진 순서쌍 (x, y)를 좌표평면에 나타내면 되겠지? 이런! x의 범위가 주어지질 않았네! x의 범위가 주어지지 않았을 때는 x의 범위를 수 전체라고 생각하고 몇 개의 x값을 선택하여 y값을 계산하면 돼. 지금은 $x=-2, -1, 0, 1, 2$에 대하여 구해 볼까?

y의 값을 계산하여 순서쌍으로 나타내면 …(-2, -6), (-1, -3), (0, 0), (1, 3), (2, 6)…이다.

이 점들을 연결해 직선으로 나타내어 일차함수 $y = 3x$의 그래프를 그리고, 일차함수 $y = 3x + 1$의 그래프도 함께 그리면 다음과 같다.

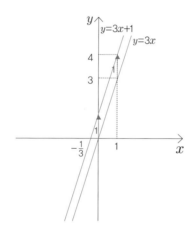

위 두 그래프의 비교를 통해서 알 수 있듯이 일차함수 $y = 3x + 1$의 그래프를 y축 방향으로 -1만큼 평행이동하면 $y = 3x$의 그래프와 겹쳐지게 돼. 또한 일차함수 $y = 3x$의 그래프를 y축 방향으로 1만큼 평행이동하면 $y = 3x + 1$이 된다.

일차함수 $y=ax+b$의 그래프는 일차함수 $y=ax$의 그래프를 y의 방향으로 b만큼 평행이동한 직선이다.

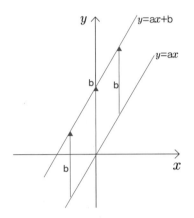

깨알 익힘 2

1. 다음 일차함수의 그래프는 일차함수 $y=\frac{1}{4}x$의 그래프를 y축 방향으로 얼만큼 평행이동한 것인지 구하라.

    (1) $y=\frac{1}{4}x+4$ (2) $y=\frac{1}{4}x-\frac{3}{5}$

2. 일차함수 $y=-7x$의 그래프를 y축 방향으로 6만큼 평행이동하면 $y=ax+b$의 그래프가 된다. 이때 a, b를 구하라.

3. 일차함수 $y=3x$의 그래프를 y축 방향으로 -5만큼 평행이동한 그래프는 점 $(-2, k)$를 지난다. 이때 k의 값을 구하라.

😊 풀이

1. (1) $y=\frac{1}{4}x+4$는 일차함수 $y=\frac{1}{4}x$의 그래프를 y축의 방향으로 4만큼 평행이동한 것이다.

   (2) $y=\frac{1}{4}x-\frac{3}{5}$은 일차함수 $y=\frac{1}{4}x$의 그래프를 y축 방향으로 $-\frac{3}{5}$만큼 평행이동한 것이다.

2. $y=-7x$의 그래프를 y축 방향으로 6만큼 평행이동하면 그래프의 식은
   $y=-7x+6$이다. 따라서 a=-7, b=6이다.

3. $y=3x$의 그래프를 y축 방향으로 -5만큼 평행이동한 일차함수 그래프의 식은
   $y=3x-5$이고, 이 그래프가 점(-2, k)를 지나므로 이 점을 x, y에 대입하면
   k=3(-2)-5, k=-6-5=-11
   따라서 k=-11이다.

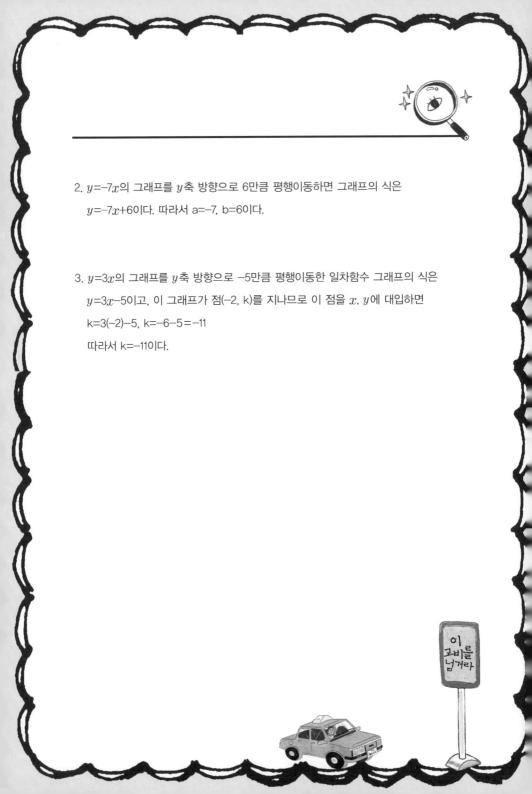

일차함수 $y=ax+b$ 그래프를 그리기 위한
좀 더 간단한 방법은 없나요?

있지! 일차함수의 그래프는 직선으로 나타나지? 두 점을 지나는 직선은 한 개뿐이고. 따라서 직선인 그래프를 그리기 위해서는 그 그래프가 지나는 두 점만 알면 돼. 맞지?

그러니까 계산이 쉬운 x의 값을 선택해서 y의 값을 계산하여 두 순서쌍 (x, y)를 좌표평면에 찍고 그 두 점을 지나는 직선을 그리면 된단다.

일차함수의 그래프와 절편

일차함수 $y=3x+1$의 그래프가 각각 x축, y축과 만나는 점이 있잖아요. 이 두 곳에서는 x의 값이나 y의 값이 0이니까 계산하기 편해요. 좌표축과 만나는 점을 이용해서 일차함수 $y=ax+b$의 그래프를 그릴 수도 있죠.

그렇지. 바로 절편의 개념을 이용하는 거란다. 자, 여기서 중요한 용어하나. 바로 설편이야.

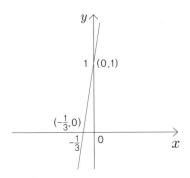

절편은 그래프가 x축 혹은 y축과 만나는 점을 뜻하는 말이야. 그래프가 x축과 만난다는 것은 y의 좌표가 0이란 것이고, y축과 만난다는 것은 x의 좌표가 0이라는 거야.

따라서 일차함수 $y=3x+1$의 그래프가 x축과 만나는 점은 $y=0$을 대입하면 $0=3x+1$, $x=-\frac{1}{3}$이니까 x좌표인 $-\frac{1}{3}$이 이 그래프의 x절편이야.

y축과 만나는 점은 $x=0$을 대입하면 $y=3\cdot0+1=1$이므로 y의 좌표인 1이 이 그래프의 y절편이지.

그럼 우리가 그렸던 다른 그래프들을 보고 x절편과 y절편을 말해 볼까?

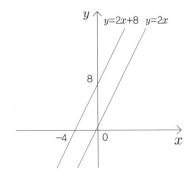

앞의 일차함수 $y=2x+8$의 x, y절편은 각각 뭘까? $y=2x+8$의 그래프가 x축과 만나는 점의 x좌표가 -4이니까 x절편은 -4이고, y축과 만나는 점의 y좌표가 8이니까 y절편은 8이지.

그럼 일차함수 $y=2x$의 그래프에서 x절편과 y절편은 어떤 거지? 일차함수 $y=2x$의 그래프는 원점을 지나기 때문에 x축, y축과 만나는 점이 모두 원점이야. 그래서 x와 y의 절편은 모두 0이지.

일차함수 $y=ax+b$ 그래프의 절편을 구하기 위해 꼭 그래프를 그려야 하나요?

아니, 쉬운 방법이 있지. 일차함수 $y=ax+b$의 그래프가 x축과 만나는 점의 y좌표는 0이니까, x절편은 일차함수 $y=ax+b$에 y값으로 0을 대입하여 구할 수 있어. 마찬가지로 이 그래프가 y축과 만나는 점의 x좌표는 0이므로 y절편은 일차함수 $y=ax+b$에 x값으로 0을 대입하면 구할 수 있어.

쌤의 퀴즈 2 일차함수 $y=-5x+3$ 그래프의 x절편과 y절편을 각각 구하여라.

풀이를 위한 생각
x절편을 구하기 위해서는 주어진 식에 $y=0$을 대입하고, y절편을 구하기 위해서는 $x=0$을 대입하면 되겠지?

x절편을 구하기 위해

$y = -5x + 3$에 $y = 0$을 대입하면

$0 = -5x + 3$

$5x = 3$

$x = \dfrac{3}{5}$

따라서 x절편은 $\dfrac{3}{5}$이다.

y절편을 구하기 위해

$y = -5x + 3$에 $x = 0$을 대입하면

$y = -5 \times (0) + 3$

$y = 3$

따라서 y절편은 3이다.

한 가지 더 쉬운 방법은 일차함수의 y절편은 일차함수 식 $y = ax + b$에서 바로 구할 수 있다는 거야.

y절편은 $x = 0$을 일차함수 $y = ax + b$에 대입하여 구한 y의 값이잖아. 따라서 $x = 0$을 일차함수 $y = ax + b$에 대입하면, $y = a \times (0) + b = b$이므로 y절편은 b란다.

이렇게 일차함수의 y절편은 함수식만 봐도 알 수 있어.

$$\text{일차함수 } y = a x + \underset{y절편}{\underline{b}}$$

그럼 일차함수 $y=ax+b$의 그래프가 지나는 두 점을 구하고자 할 때는 $f(0)=a\cdot0+b$이니까 y의 절편은 b잖아요. 그럼 y절편은 b로 알고 있으니 다른 한 점만 구하면 되겠네요.

바로 그거야! 일차함수 $y=ax+b$에서 한 점의 좌표인 $(0, b)$를 알았으니 다른 한 점만 구하면 돼.

x절편을 구하려고 하면, 일차함수 $y=ax+b$에 $y=0$을 대입하면 되지.

일차함수 $y=ax+b$에 $y=0$을 대입하면 $0=ax+b$, $ax=-b$, $x=-\dfrac{b}{a}$. 따라서 x절편은 $-\dfrac{b}{a}$야.

어때? 이제 일차함수의 절편에 대해서도 잘 알겠고 절편을 이용해서 그래프도 쉽게 그릴 수 있겠지?

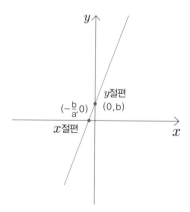

깨알 익힘 3

1. 다음 일차함수 그래프의 x절편과 y절편을 각각 구하라.

   (1) $y=-9x+2$ (2) $y=\frac{1}{3}x-6$

2. 일차함수 $y=3x-2$ 그래프의 y절편과 일차함수 $y=-x+a$ 그래프의 x절편이 서로 같을 때 a의 값을 구하여라.

😊 풀이

1. (1) $y=0$을 대입하면 $-9x+2=0$, $-9x=-2$, $x=\frac{2}{9}$

    $x=0$을 대입하면 $y=2$이므로 x절편은 $\frac{2}{9}$이고, y절편은 2이다.

  (2) $y=0$을 대입하면 $\frac{1}{3}x-6=0$, $\frac{1}{3}x=6$, $x=18$

    $x=0$을 대입하면 $y=-6$이므로 x절편은 18이고, y절편은 -6이다.

2. $y=3x-2$에 $x=0$을 대입하면 $y=-2$이므로 y절편은 -2이고,

   $y=-x+a$에 $y=0$을 대입하면 $-x+a=0$, $x=a$이므로 x절편은 a이다.

   $y=3x-2$ 그래프의 y절편과 $y=-x+a$ 그래프의 x절편이 같다고 했으니

   a의 값은 -2이다.

이 고비를 넘겨라

일차함수 $y = ax + b$의 그래프에서 b는 y절편이잖아요.
그럼 a는 무엇을 나타내요?

a가 무엇을 나타내는지 한번 살펴볼까. 일차함수 $y = ax + b(a \neq 0)$의 그래프는 직선이잖아. 이 일차함수의 그래프가 x축에 대하여 기울어진 정도를 어떻게 나타내고 있는지를 먼저 알아보자.

우선, 일차함수 $y = -2x + 3$에서 x의 값 $\cdots -3, -2, -1, 0, 1, 2\cdots$에 대응되는 y의 값을 계산하여 순서쌍 (x, y)로 나타내면 다음과 같아.

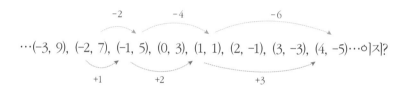

$\cdots(-3, 9), (-2, 7), (-1, 5), (0, 3), (1, 1), (2, -1), (3, -3), (4, -5)\cdots$이지?

자! x의 값이 1만큼 증가하면 y의 값은 2만큼 감소하고, x의 값이 2만큼 증가하면 y의 값은 4만큼 감소하고, x의 값이 3만큼 증가하면 y의 값은 6만큼 감소하지. 따라서 x값의 증가량에 대한 y값의 증가량을 구하면 다음과 같아.

$$\frac{(y의\ 값의\ 증가량)}{(x의\ 값의\ 증가량)} = \frac{-2}{1} = \frac{-4}{2} = \frac{-6}{3} = -2$$

'x의 값의 증가량'에 대한 'y의 값의 증가량'의 비율은 항상 일정하단다.

아래는 일차함수 $y = -2x + 3$의 그래프야.

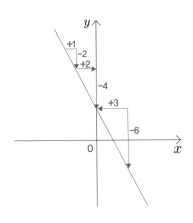

위의 그래프에서도 확인할 수 있지?

$y = ax + b(a \neq 0)$에서 a의 값은 x의 증가량에 대한 y의 증가량의 비율이며,

그래프에서 선이 기울어진 정도를 나타낸단다.

위의 내용을 다음과 같이 정리할 수 있어.

 일차함수 y=ax+b의 그래프에서

기울기= $\dfrac{y의\ 값의\ 증가량}{x의\ 값의\ 증가량}$ =a

일차함수 $y = ax + b$의 그래프를 기울기를 이용해서도
그릴 수 있나요?

물론! 하지만 그 그래프가 지나는 한 점은 알아야 해.

자, $y = \dfrac{1}{2}x + 3$의 그래프를 생각해 보자. 기울기가 $\dfrac{1}{2}$이니까 x가 2만큼 증가하면 y는 1만큼 증가한다는 거잖아. 이 그래프가 지나는 한 점인 y절편 (0, 3)에서 출발해서 증가량을 다음과 같이 표시해 보자.

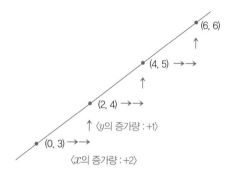

위와 같이 증가량을 계속 표시하고, 또 그려 보면 계단처럼 그려지겠지? 그 계단의 점들을 연결하면 직선이 되잖아.

정리하면, 일차함수 $y = ax + b$의 그래프가 지나는 한 점을 찾아. 그리고 그 점에서 출발해서 기울기인 a의 비율로 움직이는 거야. x의 증가량만큼 가로로 가고, 그다음 y의 증가량만큼 세로로 움직여서 지나는 점을 찍으면 돼. 그런 다음 처음 출발했던 점과 지금 도착한 점을 직선으로 연결

하면 된단다.

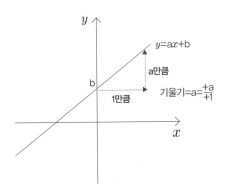

만일 직선의 그래프에서 기울기가 0보다 작을 때는(a<0) x가 증가하면 y는 감소하겠지?

 쌤의 퀴즈 3) 일차함수 $y=3x-4$의 그래 프를 기울기와 y절편을 이용하여 그려 보자.

풀이

일차함수 $y=3x-4$의 그래프는 y절편이 -4이므로 점(0, -4)를 지난다. 또 이 그래프 의 기울기가 3이므로 점(0, -4)에서 출발하여

풀이를 위한 생각
두 점을 지나는 직선은 하나이다. 따라서 직선인 일차함수 $y=3x-4$의 그래프를 그리기 위해서는 지나는 두 점을 알면 된다. 한 점은 y절편을 이용하고 다른 한 점은 그래프의 기울기를 이용해 찾으면 된다.

x축의 방향으로 1만큼, y축의 방향으로 3만큼 이동한다.

기울기 $3=\dfrac{+3}{+1}=\dfrac{(y\text{의 값의 증가량})}{(x\text{의 값의 증가량})}$

x좌표 : $0 \xrightarrow{+1} 1$,　　y좌표 : $-4 \xrightarrow{+3} -1 \Rightarrow (1, -1)$

따라서 일차함수 $y=3x-4$의 그래프는 다음 그림과 같이 두 점 $(0, -4)$
와 $(1, -1)$을 지나는 직선이다.

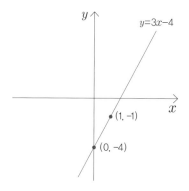

일차함수 $y=3x-4$의 그래프를 y절편과 기울기를 이용해서
그래프가 지나는 두 점 $(0, -4)$, $(1, -1)$을 구한 거죠? 그럼 반
대로 일차함수의 그래프가 지나는 두 점을 알면 함수식을 구
할 수 있나요?

수어진 두 점이 $(0, -4)$, $(1, -1)$이니까 일단 이 그래프의 y절편을 알 수
있잖아. $x=0$인 경우 y의 값이 -4이므로 y절편은 -4. 그러면 일차함수

$y=\mathrm{a}x+\mathrm{b}$에서 b를 구한 거잖아.

$y=\mathrm{a}x-4$

이제 기울기인 a를 구해 보자. 기울기는 x의 값의 증가량에 대한 y의 값의 증가량이니까 (0, -4), (1, -1)에서

$$\frac{y의\ 값의\ 증가량}{x의\ 값의\ 증가량} = \frac{-1-(-4)}{1-0} = \frac{+3}{1} = 3이야.$$

따라서 a = 3이므로 일차함수의 식은 $y=3x-4$이지.

다른 방법도 있어.

y절편을 알 경우야. 한 점 (0, -4)를 통해 y절편이 -4라는 걸 알았잖아. 식으로 나타내면 $y=\mathrm{a}x-4$야.

일차함수 $y=\mathrm{a}x-4$의 그래프는 다른 한 점인 (1, -1)을 지나잖아.

따라서 (1, -1)을 함수식 $y=\mathrm{a}x-4$에 대입하면

a - 4 = -1, a = 3이다.

a를 대입하면 일차함수의 식은 $y=3x-4$이지.

깨알 익힘 4

1. 다음 일차함수 그래프의 기울기를 구하라.

   (1) $y = -x + 5$ (2) $y = -\dfrac{2}{3}x + 4$

2. 다음 그림과 같은 일차함수의 그래프와 일차함수 $y = ax + 5$ 그래프의 기울기
   가 서로 같다. 이때 a의 값을 구하라.

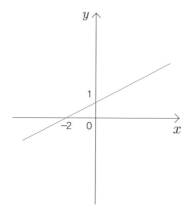

 풀이

1. 일차함수 $y = ax + b$의 그래프에서 기울기는 x의 계수인 a의 값과 같으므로

   (1)의 기울기는 -1

(2)의 기울기는 $-\dfrac{2}{3}$이다.

2. 주어진 일차함수의 그래프는 두 점 $(-2, 0)$, $(0, 1)$을 지나므로

기울기는 $\dfrac{(y\text{값의 증가량})}{(x\text{값의 증가량})}$ 이므로 $\dfrac{(1-0)}{0-(-2)}=\dfrac{1}{2}$이다.

주어진 일차함수 그래프의 함수식은 $y=\dfrac{1}{2}x+b$이다.

b를 구하려면 지나는 점 $(0, 1)$을 대입한다.

$1=\dfrac{1}{2}\cdot 0+b$, b=1이다.

따라서 주어진 일차함수 그래프의 함수식은 $y=\dfrac{1}{2}x+1$이다.

이 일차함수의 그래프와 일차함수 $y=ax+5$ 그래프의 기울기가 같다고 했으니,

$y=ax+5$의 기울기인 x의 계수 a는 $\dfrac{1}{2}$이다.

일차함수 $y=2x+8$의 그래프는 일차함수 $y=2x$의 그래프를 y축 방향으로 8만큼 평행이동한 그래프잖아요. 그러면 두 그래프의 기울기는 같은 거죠?

그렇단다. 두 일차함수 그래프의 기울기가 같다는 것은 기울어진 정도가 같은 거니까 평행하다는 거야. y절편까지 같게 되면 완전히 일치하는 그래프가 되는 것이고.

서로 평행한 두 일차함수의 그래프의 기울기는 같아.

두 일차함수 $y=-4x+8$과 $y=-4x-16$의 그래프의 경우 기울기가 -4로 같고, y절편이 각각 8과 -16으로 다르므로 두 그래프는 서로 평행한 거야.

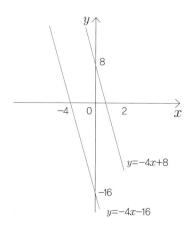

지금까지 기울기와 지나는 한 점을 알려 주거나 지나는 두 점을 알려 주면 그래프를 그릴 수 있다는 것을 배웠어. 그렇다면 이제 식을 구해 볼까?

문장 ⇒ 식

으으… 알겠어요. 한번 해 볼게요. 문장을 보고 일차함수의 식을 구하기 위해서 무엇을 기억해야 할까요?

일차함수의 식인 $y = ax + b$를 떠올려야 한단다! 그리고 a와 b를 구하면 돼! 물론 조건을 이용해서 구해야겠지?

 쌤의 퀴즈 4 아래 문장을 일차함수의 식으로 나타내 보자.

(1) 기울기가 −2이고, 점(4, 7)을 지나는 직선을 그래프로 하는 일차함수의 식을 구해 보자.

(2) $y = 2x + 5$와 평행하고, 점(2, 0)을 지나는 일차함수의 식을 구해 보자.

> **풀이를 위한 생각**
>
> (1) 간단해. 일차함수의 식인 $y = ax + b$를 완성하면 돼. 기울기인 a를 알고 있으니 지나는 점을 이용해 b를 구할 수 있어.
>
> (2) 두 일차함수의 그래프가 서로 평행하려면 두 그래프의 기울기가 같고, y절편은 달라야 해. y절편까지 같다면 두 일차함수의 그래프는 일치하기 때문이지.

(1) 일차함수의 식은 $y = ax + b$이고, 기울기가 -2이므로 $a = -2$. 점$(4, 7)$을 지나므로 $x = 4$일 때, $y = 7$이다. 대입하면 $7 = -2(4) + b$, $b = 15$이다. 따라서 구하고자 하는 일차함수의 식은 $y = -2x + 15$이다.

(2) 일차함수의 식은 $y = ax + b$이다. 그런데 $y = 2x + 5$와 평행하므로 기울기 $a = 2$이다. 따라서 일차함수의 식은 $y = 2x + b$이며, 이 그래프가 $(2, 0)$을 지나므로 x, y값을 함수의 식에 대입하면 b를 구할 수 있다.

$x = 2$, $y = 0$을 $y = 2x + b$에 대입하면, $0 = 2(2) + b \Rightarrow b = -4$

따라서 일차함수의 식은 $y = 2x - 4$

쌤의 퀴즈 5 두 점 $(-3, -4)$, $(1, 3)$을 지나는 직선을 그래프로 하는 일차함수의 식을 구하여라.

> **풀이를 위한 생각**
>
> 일차함수 $y = ax + b$ 그래프의 두 점 (x_1, y_1), (x_2, y_2)의 좌표를 알고 있는 경우, 직선의 기울기를 구할 수 있다.

 풀이

두 점 $(-3, -4)$, $(1, 3)$을 지나는 직선의 기울기는

기울기 $= \dfrac{(y\text{의 값의 증가량})}{(x\text{의 값의 증가량})} = \dfrac{3-(-4)}{1-(-3)} = \dfrac{7}{4}$ 이므로

구하는 일차함수의 식은 $y = \dfrac{7}{4}x + b$로 나타낼 수 있다.

이 그래프가 점(1, 3)을 지나므로, (두 점 중에서 어떤 점을 대입해도 된다)

$x=1$, $y=3$을 $y=\dfrac{7}{4}x+$b에 대입하면, b$=\dfrac{5}{4}$이다. 따라서 일차함수 식은 $y=\dfrac{7}{4}x+\dfrac{5}{4}$이다.

 쌤의 퀴즈 6   일차함수 $y=-2x+3$의 그래프와 평행하고, 일차함수 $y=-\dfrac{3}{5}x+4$의 그래프와 y절편이 같은 직선을 그래프로 하는 일차함수의 식을 구하여라.

풀이

일차함수의 식 $y=a x+$b가 $y=-2x+3$의 그래프와 평행하므로 기울기가 서로 같다. 따라서 기울기 a는 -2가 되므로 함수식은 $y=-2x+$b가 된다.

y절편은 $y=-\dfrac{3}{5}x+4$의 그래프와 같으므로 y절편인 b$=4$이다. 따라서 구하는 일차함수의 식은 $y=-2x+4$이다.

선생님!! 그러면 일차함수의 식을 구하기 위해서는 무조건 $y=a x+$b를 떠올려야 하네요. 그리고 a와 b를 구하면 되는 거네요. 문장으로 제시하는 조건은 한 점과 기울기, 아니면 두 점을 알려 주는 내용이잖아요.

그래! 일차함수라고 하면, 무조건 $y=a x+$b를 떠올려야 해! 그리고 문장으로 제시되는 조건에서 a와 b를 찾아야 한단다.

식 ⇒ 그래프

일차함수의 식을 보고 그래프를 그리려면 어떻게 해야 해요? 쉽게 그리는 방법은 없을까요?

일차함수의 그래프는 직선이잖아. 그러니까 그래프가 지나는 두 점을 구하는 것이 가장 쉽지. x절편과 y절편을 좌표평면에 표시하고 두 점을 연결하면 돼. 그래프가 지나는 다른 점을 이용해도 된단다!

쌤의 퀴즈 7 제시된 일차함수 ①, ②, ③, ④의 식을 그래프로 표현하여라. 단, x절편과 y절편을 이용하여 그려 보자.

① $y = -2x + 15$ ② $y = 2x - 4$

③ $y = -\dfrac{7}{4}x + \dfrac{19}{4}$ ④ $y = -2x + 4$

풀이

① 일치함수 $y = -2x + 15$의 그래프를 그려 보자.

일차함수 식 ①의 y절편은 15이고, x절편은 $y = 0$일 때 x의 값을 구한나.

$0 = -2x + 15$, $x = \dfrac{15}{2}$

따라서 각 절편을 x축과 y축에 점으로 찍고 연결하면 그래프를 그릴
수 있다.

② 일차함수 $y=2x-4$의 그래프를 그려 보자.

일차함수 ②의 그래프는 x절편이 2($y=0$일 때, x의 값)이고, y절편은 -4
이다. 각각 x축과 y축에 점을 찍고 연결하면 그래프를 그릴 수 있다.

③ 일차함수 $y=-\dfrac{7}{4}x+\dfrac{19}{4}$의 그래프를 그려 보자.

일차함수 ③의 x절편이 $\dfrac{19}{7}$($y=0$일 때, x의 값)이고, y절편은 $\dfrac{19}{4}$이다.

④ 일차함수 $y=-2x+4$의 그래프를 그려 보자.

일차함수 ④의 x절편은 2($y=0$일 때, x의 값)이고, y의 절편은 4이다.

위의 ①, ②, ③, ④의 그래프를 좌표평면에 그리면 다음과 같다.

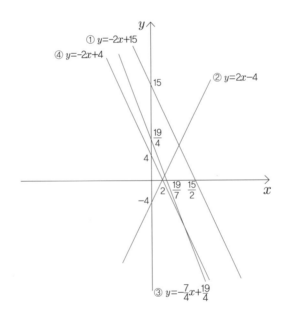

일차함수 그래프의 기울기와 y절편의 부호에 따라 그래프의 모양이 어떻게 달라지는지 알겠니?

 네. 알겠어요. 일차함수 ① $y=-2x+15$와 ④ $y=-2x+4$의 그래프는 기울기가 2로 같아서 평행하네요! 기울기가 0보다 크면, 왼쪽에서 오른쪽으로 상승하는 직선(／)으로 그려지고, 기울기가 0보다 작으면 오른쪽에서 왼쪽으로 하강하는 직선(＼)으로 그려지네요. 그리고 직선이 y축과 만나는 점이 y절편이니까 y절편에 부호에 따라 그래프의 위치를 알 수 있겠네요.

맞아. 일차함수 $y=ax+b(a≠0)$의 그래프는 a, b의 부호에 따라 다음과 같이 그려진단다.

(1) a＞0, b＞0

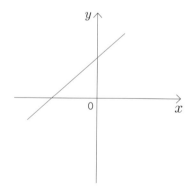

(2) a > 0, b < 0

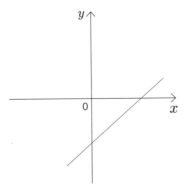

(3) a < 0, b > 0

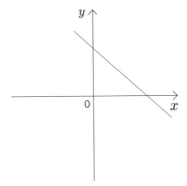

(4) a < 0, b < 0

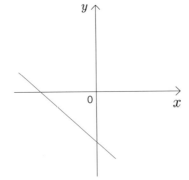

일차함수의 그래프

 일차함수의 x절편과 y절편을 모두 알면 그래프를 그릴 수 있다고 했지? 그런데 x절편과 y절편이 모두 0이면 그래프를 그릴 수 있어?

x절편과 y절편이 모두 0이면 원점을 지나는 일차함수 $y=ax$의 그래프잖아. 일차함수 $y=ax$의 그래프들은 모두 원점을 지나니까 이 그래프를 지나는 다른 한 점을 알면 그릴 수 있어.

 일차함수의 그래프와 식이 아직 잘 연결이 안 돼! 기울기가 3이라는 게 무슨 의미야?

직선의 기울기란, 직선이 기울어진 정도를 비율로 나타낸 거야. 그 비율이 $\dfrac{y의\ 값의\ 증가량}{x의\ 값의\ 증가량}$ 이잖아.

 그러니까 직선의 기울기가 3이면, x의 값이 1만큼 증가하면 y의 값은 3만큼 증가한다는 거?

맞아! 일차함수 $y=ax+b$에서 x의 상수인 a는 기울기를 나타내잖아. 그러니까 $a=\dfrac{+3}{+1}=3$이 되겠지. 그러면 $a=-3$이면?

직선의 기울기가 -3이라는 거잖아. 그러면 x의 값이 1 증가하면 y의 값은 3만큼 감소하는 거 아니야?

맞아! 그럼 두 일차함수 그래프의 식이 $y=3x+b$, $y=-3x+b$라면 이 그래프들은 좌표평면에서 어떻게 그려질까?

 두 일차함수의 그래프의 y절편이 둘 다 b로 같으니까 점(0, b)에서 만나는 X자 모양의 그래프가 되겠네.

빙고!

숙이의 노트 4

1. 다음은 y가 x에 관한 일차함수인 것과 아닌 것을 설명하는 과정이다. 빈칸
   에 알맞은 말이나 수식 또는 기호를 써 넣어 보면,

   (1) 거리 $x$km를 y시간 동안 이동한 속력은 시속 60km이다.

   $x=60y$에서 $y=\dfrac{x}{60}$이고, $\dfrac{x}{60}$은 x에 관한 일차식, $y=ax$ 형태이므로
   일차함수 이다.

   (2) 지름의 길이가 $x$cm인 원의 넓이는 $y$cm²이다.

   y를 x에 관한 식으로 정리하면, $y=\pi\times\boxed{\dfrac{x}{2}}^2$, $y=\dfrac{\pi}{4}x^2$이다.

   $\dfrac{\pi}{4}x^2$은 x에 관한 일차식($y=ax+b$)이 아니므로 일차함수가 아니다.

   (3) $y=(a+b)x+7$이 x에 관한 일차함수이기 위해서는 $a+b \neq 0$이어야 한다.

   즉 $y=(a+b)x+7$이 x에 관한 일차함수가 되기 위한 조건은 $a \boxed{\neq} -b$이다.

2. 오른쪽 그림은 일차함수 $y=ax+b$의
   그래프이다. 다음 제시된 ①, ②의 설
   명이 올바르게 서술되도록 빈칸에 알
   맞은 부등호를 넣어 보면,

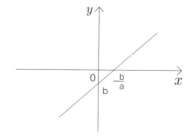

① 일차함수 $y=ax+b$의 그래프가 왼쪽 아래로 향하므로 기울기인 a $\boxed{>}$ 0이다.

② 그래프가 y축과 만나는 점이 x축 아래에 있으므로 y절편인 b $\boxed{<}$ 0이다.

3. 다음 빈칸에 알맞은 말이나 수식 또는 기호를 써 넣어 보면,

(1) 일차함수 $y=-5x+3$의 그래프에서 기울기가 -5이므로 x의 값이 3만큼 증가할 때 y의 값의 증가량은 $-5 = \dfrac{(y값의\ 증가량)}{3}$ 을 만족한다. 그러므로 $(y값의\ 증가량) = -15$이므로, y는 15만큼 $\boxed{감소한다.}$

(2) 기울기가 $\boxed{같은}$ 두 일차함수의 그래프는 서로 평행하거나 일치한다.

(3) 점$(3, 4)$를 지나고, 기울기가 3인 직선을 그래프로 하는 일차함수의 식은 $y=3x+b$이다.

$x=3$, $y=4$를 $y=3x+b$에 대입하면 $b=-5$이다. 따라서 구하는 일차함수의 식은 $\boxed{y=3x-5}$다.

4. 두 점을 지나는 그래프의 일차함수 식을 구해 보면,

(1) 두 점 $(2, -4)$, $(3, -9)$를 지나는 직선을 그래프로 하는 일차함수의 기울기는 $\dfrac{-9-(-4)}{3-2}=-5$이므로 $y=-5x+$b이고, 한 점인 $x=2$, $y=-4$를 $y=-5x+$b에 대입하면 $-4=-5(2)+$b, b$=10-4=6$이다. 따라서 일차함수의 식은 $y=-5x+6$이다.

(2) 오른쪽 그림과 같은 그래프에서 일차함수의 식을 구하고, x의 값이 6일 때 y의 값을 구하는 과정은 다음과 같다.

주어진 그래프는 두 점 $(-1, 0)$, $(0, 3)$을 지나므로 기울기는 $\dfrac{3-0}{0-(-1)}=3$이고 y의 절편은 3이다. 따라서 주어진 직선을 그래프로 하는 일차함수 식은 $y=3x+3$이다. 또 $x=6$일 때, $y=3\cdot6+3$이므로 y의 값은 21이다.

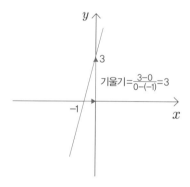

기울기$=\dfrac{3-0}{0-(-1)}=3$

일차
를 방정식과
일차함수

5장

설렘 속에
있는…

수정이는 몹시 들떠 있었다. 사실 내가 더 흥분해 있었는지도 모른다. 12월의 세 번째 토요일, 수정이는 미술관 체험학습을 함께할 친구들로 조정부 애들을 섭외했다. 우리 학교 여학생이라면 누구나 친해지고 싶어 하는 학교 대표 조정부 말이다!

나와 짝이 된 아이는 우리 썸 쌤 정도는 아니지만 키가 무지 컸다. 그 아이와 나는 비둘기들이 잔뜩 몰려 있는 낡은 벤치에 앉았다.

"넌 대학 가면 뭘 전공하고 싶어?"

중3인 나에게 이름보다 먼저 장래 전공을 물어보는 아이가 내 옆에 앉아 있다. 내가 답을 하기도 전에 그 아이가 말을 이어 갔다.

"나는 조정 선수지만 조정을 전공으로 하고 싶지는 않아. 조정은 그냥 좋아서 하는 거야. 몸을 쓰는 느낌이 좋거든. 물론 머리를 쓰는 것도 좋아해. 책을 많이 읽는 편이지."

"난 그림 그리는 거 좋아해. 생각을 글이 아닌 형태와 색으로 표현한다는 것이 재미있어. 하지만 수학을 더 잘하고 싶어. 난 꽂히면 끝장을 봐야 하거든! 요즘 수학이 나의 승부욕을 자극하고 있지. 전공은 아직 모르겠어. 하지만 가고 싶은 나라는 있어. 프랑스! 프랑스에 가면 내가 할 일이 있을 것 같아! 할 일이 뭔지는 묻지 마. 나도 모르니깐!"

"푸하하~ 프랑스라…. 아참! 난 현이야. 곽현. 넌?"
"난 숙이야. 김숙!"

"너도 이름이 한 글자구나! 동질감이 확 밀려오는데?"
현이란 아이는 말할 때마다 썸 쌤처럼 미소를 짓는다. 어쩌자는 건지….
"우리 이제부터 친구 할까? 가끔 연락도 하고 만나기도 하는 친구!"
'어? 얘가 뭐라는 거지, 지금?'

걔의 말이 무슨 뜻인지 곰곰이 생각해 보기도 전에 입이 먼저 움직였다. 으…. 꼭 그런 말을 하려던 건 아니었는데….

"나는 한 번에 두 가지를 잘 못 하는 성격이라서…. 난 그냥… 관계는 단순해야 한다고 생각해. 앞으로 공부도 해야 하고…. 그냥 대학 가서 보면 어떨까?"

"나 지금 까인 거니?"

"아니. 그냥 보류된 친구라고나 할까? 그게… 나는 변화하는 나의 감정을 통제할 자신이 없다는 거야."

"하하하. 너 참 귀엽다. 그래! 알겠어. 메일 쓸게. 언제 쓰게 될지는 모르겠지만…. 아쉽지만 만나서 반가웠다."

현이는 내가 싫어하는 체육을 좋아한다. 난 나의 평균속도보다 더 빠르게 움직이게 하는 모든 것들을 저주한다. 그런데 그보다 몇 배는 더 빠른 속도를 즐기는 아이가 마음에 들었다. 세상에나…. 그 애와 내가 통한 것은 솔직한 감정을 이야기해서일까?

갑자기 오늘 배운 함수가 생각난다. "기울기가 다른 두 일차함수의 그래프는 한 점에서 만난다." 그렇다면 숙이란 함수와 현이란 함수는 솔직한 감정 표현이라는 교점에서 만난 것일지도 모르겠다는 생각이 든다.

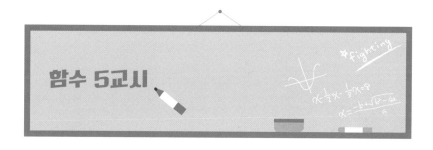

함수 5교시

자! 지금까지 함수에 대한 조건, 의미, 그리고 함수 중에서도 일차함수의 뜻과 표현에 대하여 배웠어.

오늘은 두 일차함수의 그래프에서 시작할게. 두 일차함수의 그래프를 보자.

두 일차함수의 그래프가 평행하다는 것은 두 그래프의 기울기가 같다는 거였지?

그럼 여기 있는 두 일차함수의 그래프의 교점은 어떤 의미일까?

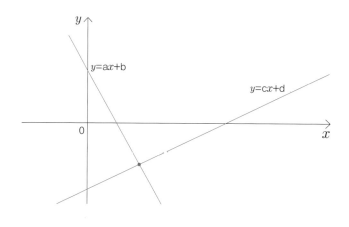

교점이란 두 그래프가 만나는 점을 뜻하는 말이죠? 일차함수는 직선이니까, 두 일차함수의 교점은 딱 하나겠네요?

 응? 그런 거였어? 선생님, 우리가 꼭 누구랑 몸을 부딪치고 지나가야만 '만난다'는 말을 쓰는 건 아니잖아요. 그런데 두 직선은 서로 교차해야만 '만난다'는 말을 쓸 수 있는 거예요?

 기울기가 같으면 두 직선의 교점이 안 생기니까 두 직선의 교점이 생기려면 기울기가 달라야 하는 거죠?

 하하하! 정말 멋지구나! 우리가 '함수의 숲'으로 깊이 들어가고 있는 게 확실한 것 같은데.

너희들 말이 모두 맞단다. 숙이 말처럼, 우리가 누군가를 '만난다'고 할 때 그 뜻은 그냥 어디를 가거나 서로 마주 본다는 것인데, 두 함수의 그래프가 만난다는 것은 교점이 있다는 거야.

직선의 경우는 교점이 한 점이거나 무수히 많거나 둘 중 하나겠지? 무수히 많은 경우는 두 그래프가 완전하게 겹쳐진다는 거야. 일치한다고!

두 일차함수의 그래프와 교점

 선생님, 그런데 어떤 일차함수의 그래프 위를 지나는 점들은 모두 그 일차함수를 만족시키는 값들이잖아요. 그럼 교점은 두 일차함수의 식을 모두 만족시키겠네요?

그래. 두 일차함수의 그래프의 교점은 두 그래프 위에 있는 좌표이기 때문에 두 일차함수의 식을 모두 만족시킨단다.

두 일차함수 $y = \frac{3}{5}x - 3$과 $y = x - 5$의 그래프의 교점은 (5, 0)이다. 그런데 점(5, 0)은 두 일차함수 $y = \frac{3}{5}x - 3$과 $y = x - 5$의 그래프 위에 있으므로 $x = 5$, $y = 0$을 각 함수식에 대입하면 등식을 만족하지.

자, 그럼 두 일차함수 $y = \frac{3}{5}x - 3$과 $y = x - 5$를 미지수가 2개인 일차방정식 $ax + by + c = 0$의 꼴로 변환시켜 보자. 이 식에서 a, b, c는 어떤 정해진 수이고 우리가 모르는 미지수는 x와 y이다.

$y = \frac{3}{5}x - 3 \Rightarrow 3x - 5y - 15 = 0 \cdots$ ①

$y = x - 5 \Rightarrow x - y - 5 = 0 \cdots$ ②

이때 교점인 (5, 0)을 식 ①에 대입하면, 3×(5)−5×(0)−15=0이므로 이 식의 해가 된다.

식 ②에 대입하면, (5)−(0)−5=0이므로 역시 이 식의 해가 된다.

따라서 두 일차함수 $y=\dfrac{3}{5}x-3$과 $y=x-5$의 그래프의 교점인 $(5,\ 0)$은 미지수가 2개인 일차방정식 $3x-5y-15=0$과 $x-y-5=0$의 해가 되므로 연립방정식 $\begin{cases} 3x-5y-15=0 \\ x-\ y-\ 5=0 \end{cases}$의 해가 된다.

즉, 두 그래프의 교점의 좌표는 연립방정식의 해라는 것을 알 수 있다.

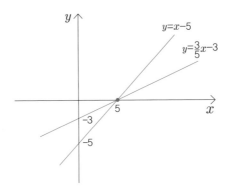

그런데 $ax+by+c=0$이라는 방정식의 해를 좌표평면에 나타내는 이유가 있나요? 방정식의 해를 구하기 위해서는 등식의 성질을 이용해서 미지수인 해를 구하면 되는 것 아닌가요?

미지수가 2개인 일차방정식 $ax+by+c=0$을 만족하는 해 전부를 좌표평면을 이용하지 않고 나타낼 수 있을까? 실세계에서 미지수가 두 개인 일차방정식 $ax+by+c=0$의 예를 찾아서 한번 그 해를 구해 볼까. 그럼 그 질문에 대한 답을 찾을 수 있을 거야.

우리가 건강하게 살기 위해서 섭취해야 하는 영양소 중에는 단백질이 있지. 우리가 하루에 섭취해야 하는 단백질의 양은 대략적으로 우리 체중 1kg당 1g이라고 해. 달걀과 두부의 1g당 단백질의 함량은 제시된 표와 같아. 그럼 체중이 50kg인 사람이 두 식품으로 단백질 50g을 섭취하고자 할 때, 두 식품의 양 사이의 관계를 생각해 보자.

식품명	1g당 단백질 함량(g)
두부	0.13
달걀	0.08

두부를 xg, 달걀을 yg 섭취한다고 할 때, x와 y 사이의 관계를 어떻게 나타낼 수 있을까?

☑️ 식으로

두부와 달걀의 1g당 단백질 함량이 각각 0.13g, 0.08g이야. 이때 두부를 xg, 달걀을 yg 섭취한다고 하면, 두부와 달걀에 있는 단백질을 모두 합쳐서 50g을 섭취해야 하므로 x와 y 사이의 관계를 방정식으로 나타내면 다음과 같지.

$$0.13x + 0.08y = 50$$

양변에 100을 곱해 주면 $13x + 8y = 5000$이야.

☑️ 표와 그래프로

일차방정식 $13x + 8y = 5000$을 만족하는 몇 개의 x, y의 값을 구해 보면 다음 표와 같아.

x	0	60	120	180	240	300	360	384.6
y	625	527.5	430	332.5	235	137.5	40	0

다음 표에서는 일차방정식 $13x + 8y = 5000$을 만족하는 해가 무수히 많다는 것을 알 수 있지.

x	0	1	2	$\cdots$	60	61	$\cdots$
y	625	623.375	621.75	$\cdots$	527.5	525.875	$\cdots$

위의 표에서 구한 일차방정식 $13x + 8y = 5000$의 해를 좌표평면에 나타내면 〈그림 3-1〉과 같게 되지만, x와 y의 값을 모두 0 이상인 수 전체로

하여 좌표평면 위에 나타내면 〈그림 3-2〉와 같단다.

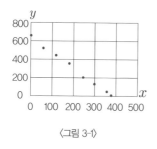

〈그림 3-1〉

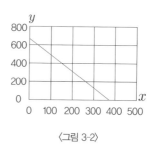

〈그림 3-2〉

〈그림 3-2〉 그래프의 모든 점의 좌표가 일차방정식 $13x + 8y = 5000$의 해가 된다. 그래서 방정식 $13x + 8y = 5000$과 같이 미지수가 두 개인 이차 방정식을 직선의 방정식이라고도 하는 거야. 어때? 식만 이용해서는 이 해 전부를 나타낼 수 없겠지?

한편 일차방정식 $13x + 8y = 5000$을 y에 관하여 풀면 $y = -\dfrac{13}{8}x + 625$가 되어 일차함수로 나타나지.

이 일차함수의 그래프는 y의 절편이 625이고, 기울기가 $-\dfrac{13}{8}$이므로 위의 〈그림 3-2〉와 같은 직선이 된다는 것을 알 수 있지?

자! 우리가 알게 된 원리를 정리하면, 일차방정식의 그래프와 일차함수 의 그래프는 서로 같다는 거야.

일차방정식의 그래프와 일차함수의 그래프 사이의 관계를 다시 설명해 주세요.

미지수가 2개인 일차방정식 $ax+by+c=0$ (a, b, c는 상수. $a\neq0$, $b\neq0$)을 만족시키는 해는 무수히 많아. 그 해를 좌표평면 위에 나타내면 직선이 되지. 또 이 직선 위 모든 점의 좌표는 바로 일차방정식 $ax+by+c=0$의 해가 되고.

풀이를 위한 생각

상수는 여러 가지로 변하는 값(분수)인 x, y와 다르게 일정한 값을 나타내는 수이다.

그리고 이때 방정식 $ax+by+c=0$을 직선의 방정식이라고 하는 거야.

바로 그 직선을 y에 대하여 정리하면 $y=-\dfrac{a}{b}x-\dfrac{c}{b}$가 되잖아. 그래서 일차함수 $y=-\dfrac{a}{b}x-\dfrac{c}{b}$의 그래프와 같다는 거지.

그럼 여기서 아주 재미있는 사실을 발견할 수 있어. 미지수가 2개인 연립방정식 $\begin{cases} ax-by=c \\ a'x+b'y=c' \end{cases}$ (a, b, c는 상수. $a\neq0$, $b\neq0$)의 해는 두 방정식을 모두 만족시켜야 하니까 두 일차함수 $y=\dfrac{a}{b}x-\dfrac{c}{b}$와 $y=-\dfrac{a'}{b}x+\dfrac{c'}{b}$의 그래프의 교점이 된다는 거야.

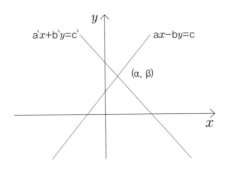

그 조건이 (α, β)가 된다는 것은 연립방정식 $\begin{cases} ax-by=c \\ a'x+b'y=c' \end{cases}$의 해가 $x=\alpha$, $y=\beta$가 된다는 것을 의미해.

깨알 익힘 1

1. 다음 연립방정식을 그래프를 이용하여 풀어라.

   (1) $\begin{cases} 2x - y = 6 \\ x - 3y = 8 \end{cases}$

   (2) $\begin{cases} 4x + y = 7 \\ x + y = 1 \end{cases}$

2. 다음 물음에 답하라.

   (1) 일차방정식 $x + y + 1 = 0$의 해를 좌표평면에 나타내었을 때, x축과 만나는 점의 좌표는?

   (2) 기울기가 $-\dfrac{3}{4}$이고 일차함수 $y = 3x + 2$와 x축 위에서 만나는 직선을 그래프로 하는 함수의 식은?

😊 풀이

1. (1) 두 일차방정식을 각각 y에 관하여 풀면
   $\begin{cases} y = 2x - 6 \\ y = \dfrac{1}{3}x - \dfrac{8}{3} \end{cases}$

이를 그래프로 그리면 두 직선은
점(2, −2)에서 만난다.
따라서 연립방정식의 해는
$x=2$, $y=-2$이다.

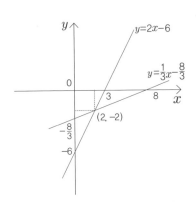

(2) 두 일차방정식을 각각 y에 관하여 풀면

$$\begin{cases} y=-4x+7 \\ y=-x+1 \end{cases}$$

이를 그래프로 그리면 두 직선은
점(2, −1)에서 만난다.
따라서 연립방정식의 해는
$x=2$, $y=-1$이다.

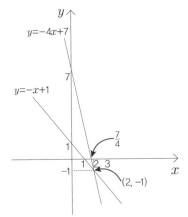

2. (1) x축과 만나려면 $y=0$이어야 한다. 따라서

일차방정식 $x+y+1=0$의 그래프와

x축($y=0$)과 만나는 점은

$y=0$일 때, x의 값을 구하면 된다.

$x+(0)+1=0$이므로 $x=-1$이다.

$x+y+1=0$을 y에 대해 정리하면

$y=-x-1$이므로 y절편은 -1이다.

따라서 그래프는 오른쪽과 같고, x축과의 교점의 좌표는 $(-1, 0)$이다

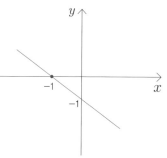

(2) 구하고자 하는 일차함수의 기울기가 $-\frac{3}{4}$이므로 함수식은 $y=-\frac{3}{4}x+b$이다.

그런데 이 직선이 일차함수 $y=3x+2$와 x축 위에서 만난다고 했다.

따라서 $y=-\frac{3}{4}x+b$의 x절편은 일차함수 $y=3x+2$의 x절편과 같다.

그러므로 일차함수 $y=3x+2$가 x축과 만나는 점을 다음과 같이 구한다.

$y=0$을 대입한다.

$y=3x+2 \Rightarrow 0=3x+2$

$x=-\frac{2}{3}$이므로 $(-\frac{2}{3}, 0)$을 지난다.

따라서 일차함수 $y=-\frac{3}{4}x+b$도 점 $(-\frac{2}{3}, 0)$을 지난다.

$0=-\frac{3}{4}(-\frac{2}{3})+b \Rightarrow b=-\frac{1}{2}$이다.

그러므로 구하고자 하는 일차함수는 $y-\frac{3}{4}x-\frac{1}{2}$이다.

좌표평면 상에서 두 개의 그래프가 항상 한 점에서만 만나는 것
은 아니잖아요.

한번 생각해 볼까? 좌표평면에서 두 일차함수의 그래프
들은 어떻게 위치할 수 있을까?

두 점에서는 못 만나죠?

직선들이 어떻게 두 점에서 만나니? 굽은 선이 아니잖아.

완전하게 겹쳐요.

한 점에서 만날 수 있어요.

만나지 않을 수 있어요.

그래. 두 직선의 위치 관계는 다음과 같이 정리할 수
있어.

(1) 한 점에서 만난다. ✕

(2) 평행한다(만나지 않는다). ⫻

(3) 일치한다. ╱

직선과 닮은 연필이나 볼펜 2개를 가지고 그것들을 움직여서 위치를 확인해 봐. 어떤 위치가 가능한지.

•두 함수의 그래프가 한 점에서 만날 때 ✕ (x, y)

연립방정식의 해가 바로 두 함수의 그래프가 만나게 되는 교점이지.

직선의 방정식을 만족하는 무수한 (x, y)를 좌표평면에 나타낸 것이 바로 직선이잖아. 그럼 두 직선이 한 점에서 만날 때, 그 교점인 (x, y)의 의미는 무엇일까?

두 직선의 방정식을 동시에 만족시키는 해예요.

•두 함수의 그래프가 만나지 않을 때 ⫻

두 직선이 평행하다면 서로 만나지 않겠지? 일차함수의 그래프가 만나지 않는다는 것은 평행하다는 거야. 평행한 두 직선의 방정식 사이엔 어떤 관계가 있는지 알아볼까.

다음 제시된 그래프처럼 만나지 않는 그래프 ①과 ②에 대한 일차함수의 식을 각각 구하여 보자.

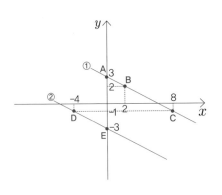

일차함수의 그래프를 보며 직선의 방정식을 떠올려야 해. 직선의 방정식은 알다시피 $y=ax+b$야. 그리고 기울기 a와 y의 절편 b를 구해. 평행한 두 그래프는 기울기가 같다는 거 알고 있지?

풀이

각 직선들이 지나는 점을 직선의 방정식에 대입시켜 방정식으로 해결하면 돼. 먼저 일차함수 $y=ax+b$의 그래프를 ①이라고 하자. 그리고 일차함수 $y=a'x+b'$의 그래프를 ②라고 하자.

☑ 그래프 ①의 경우

일차함수 $y=ax+b$의 그래프는 A(0, 3), B(2, 2), C(8, −1)을 지난다. 따라서 직선의 방정식 $y=ax+b$에 A, B를 대입하여 연립방정식으로 해결한다(점 A, B, C 중 두 점을 선택하면 된다).

$x=0$일 때, $y=3$이므로, $3=a×0+b \Rightarrow b=3$

$x=2$일 때, $y=2$이므로 $2=a\times2+b \Rightarrow 2=a\times2+3 \Rightarrow a=-\frac{1}{2}$

그러므로 그래프 ①의 일차함수 식 $y=ax+b$는 $y=-\frac{1}{2}x+3$이다.

✔ 그래프 ②의 경우

일차방정식 $y=a'x+b'$는 D(-4, -1), E(0, -3)을 지난다. 따라서 직선의 방정식 $y=a'x+b'$에 D, E를 대입하여 연립방정식으로 해결한다.

$x=0$일 때, $y=-3$이므로

$-3=a\times0+b \Rightarrow b=-3$

$x=-4$일 때, $y=-1$이므로,

$-1=a\times-4+b \Rightarrow -1=-4a-3 \Rightarrow a=-\frac{1}{2}$

> **풀이를 위한 생각**
> 두 점 중에서 x나 y의 좌표가 0인 걸 먼저 대입하면 좀 더 빨리 연립방정식을 풀 수 있어.

그러므로 그래프 ②의 방정식 $y=a'x+b'$는 $y=-\frac{1}{2}x-3$이다.

일차함수 그래프인 ①과 ②의 식은 $y=-\frac{1}{2}x+3$과 $y=-\frac{1}{2}x-3$이다.

두 일차함수의 그래프가 평행하면, 기울기는 같은 것이죠?

그래. 앞에서 확인했지. y절편까지 같으면 두 그래프는 완전히 겹쳐지고.

두 직선이 평행할 때, 두 직선의 방정식을 연립하여 풀면 그 해는 없나요?

어디 한번 확인해 볼까. 두 함수 $y=-\frac{1}{2}x+3$과 $y=-\frac{1}{2}x-3$을 연립방정식의 형태로 바꾸어 보자.

$$\begin{cases} x+2y-6=0 \\ x+2y+6=0 \end{cases}$$

위의 연립방정식을 연립하면 해를 구할 수 없어. 좌표평면 상에 있는 두 함수의 그래프를 보면 알 수 있듯이 평행한 두 직선을 지나는 각 좌표들 가운데 동일한 점은 없어. 결국 두 직선의 방정식을 연립하여 풀면, 두 식을 동시에 만족시키는 x와 y의 값은 없다는 거지.

그러면 어떤 결론을 내릴 수 있을까? 함수의 그래프에서 기울기가 같고 y의 절편이 다르면 두 직선의 방정식을 연립하여 계산해도 해가 존재하지 않는다는 거지.

• 두 함수의 그래프가 일치할 때

두 일차함수의 그래프인 두 직선이 일치하는 경우,
두 직선의 방정식을 연립하여 풀면 그 해는 어떻게 되나요?

두 일차함수의 그래프가 일치한다는 것은 두 직선이 완전하게 겹쳐진다는 거야.

두 일차함수 $y=ax+b$와 $y=a'x+b'$의 그래프가 일치한다고 할 때 그 기울기는 $a=a'$이며, y절편은 $b=b'$로 같지. 따라서 두 직선의 방정식을 연

립하여 풀면 각 방정식을 모두 만족하는 x와 y의 값, 즉 해는 무수히 많
다는 뜻이야.

두 일차방정식의 그래프의 위치 관계와 연립방정식의 해의 개수를 정리하
면 다음과 같아.

일차함수의 그래프를 이용하여 연립방정식의 해를 구하면,
연립방정식 $ax+by=c$, $a'x+b'y=c'$의 해의 개수는 다음과 같
이 두 일차방정식 그래프의 위치 관계에 따라 결정된다.

① 두 직선이 한 점에서 만난다. ⇌ 해가 한 쌍이다.
　⇌ 두 직선의 기울기가 다르다. ⇌ $\dfrac{a}{a'} \neq \dfrac{b}{b'}$

② 두 직선이 평행한다. ⇌ 해가 없다.
　⇌ 두 직선의 기울기가 같다. ⇌ 두 직선의 y절편은 다르다.
　⇌ $\dfrac{a}{a'} = \dfrac{b}{b'} \neq \dfrac{c}{c'}$

③ 두 직선이 일치한다. ⇌ 해가 무수히 많다.
　⇌ 두 직선의 기울기와 y절편이 같다. ⇌ $\dfrac{a}{a'} = \dfrac{b}{b'} = \dfrac{c}{c'}$

일차함수 $y=2x+1$의 그래프가 점(3, 7)을 지난다는 것은 무슨 뜻이야?

함수의 그래프는 해당 함수의 관계식을 만족하는 x와 y를 좌표평면 상에 점(x, y)로 나타낸 거잖아. 점(x, y)가 모여 직선을 이루는 것이고.

그러니까 점(3, 7)이 일차함수 $y=2x+1$의 그래프 위에 있다는 것은 점(3, 7)을 함수식 $y=2x+1$에 대입하면 등식을 만족한다는 거야? f(3)=2·3+1=7이니까 말이야?

맞아! 그리고 두 그래프가 한 점 (3, 7)에서 만난다면? 그 한 점은 두 직선의 방정식을 동시에 만족시키는 해가 되는 거지.

아하 알겠다! 연립방정식의 해를 구하기 위한 방법으로 함수의 그래프를 이용한다는 의미를 이제야 알겠어. 두 직선의 방정식에서 기울기가 다르면 한 점에서 만나니까 해는 1개! 기울기는 같고 y절편이

다르면 평행하니까 해는 0개! 기울기와 y절편이 모두 같으면 겹쳐지니까 해는 수없이 많은 거. 맞지? 맞지?

맞아! 그런데 직선의 방정식의 형태를 반드시 $y=ax+b$로 바꿔서 기울기나 y의 절편을 비교해야만 그래프의 위치 관계를 알 수 있다고 생각하니?

응. 그래야 기울기와 y절편을 비교할 수 있잖아.

꼭 그럴 필요는 없어. 연립방정식 $\begin{cases} ax+by+c=0 \\ a`x+b`y+c`=0 \end{cases}$ 의 해의 개수를 a, b, c와 a`, b`, c`로 비교할 수 있어. 두 일차방정식을 y에 관하여 정리하면,

$y=-\dfrac{a}{b}x-\dfrac{c}{b}$, $y=-\dfrac{a`}{b`}x-\dfrac{c`}{b`}$잖아.

한 점에서 만나는 경우는 해가 한 쌍이고 두 직선의 기울기가 다르다는 거잖아. 그럼 $\dfrac{a}{a`}\neq\dfrac{b}{b`}$라고 할 수 있어. 그리고 만나지 않는 경우는 해가 하나도 없는 거잖아. 이 경우는 두 직선이 평행한 거니까 기울기는 같고 y절편이 다른 것이니까, $\dfrac{a`}{a}=\dfrac{b`}{b}\neq\dfrac{c`}{c}$라고 할 수 있어.

아, 간단한 방법이 있구나.

1. 일차방정식 $4x-3y+9=0$의 해를 좌표평면에 나타내 보면,

미지수가 2개인 일차방정식의 해를 구하기 위해서 방정식 $4x-3y+9=0$을 만족하는 모든 x, y의 값을 순서쌍으로 나타내어 좌표평면에 표시하면 다음과 같은 함수의 그래프와 일치한다.

$$4x-3y+9=0$$

$$3y=4x+9$$

$$y=\frac{4}{3}x+3$$

일차함수 $y=\frac{4}{3}x+3$의 그래프는 기울기가 $\frac{4}{3}$이다. 그래프를 그리기 위하여 x절편과 y절편을 이용하고자 한다. x절편은 $-\frac{9}{4}$, y절편이 3이므로 일차함수 $y=\frac{4}{3}x+3$의 그래프는 다음과 같다.

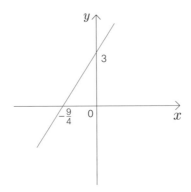

2. 연립방정식 $\begin{cases} 4x-3y=10 \\ 3x+ay=2 \end{cases}$ 에서 두 방정식의 그래프는 한 점에서 만난다. 그 교점의 x좌표가 1일 때, 상수 a의 값을 구해 보면,

두 직선이 한 점에서 만난다. 그 교점의 x좌표가 1이므로 $x=1$일 때, y의 값이 서로 같다.
첫 번째 식에 대입하면 $4(1)-3y=10$에서 $y=-2$이다.
첫 번째 식에서 구해진 $x=1$, $y=-2$를 $3x+ay=2$에 대입하면 다음과 같이 성립한다.
$3-2a=2$
$a=\dfrac{1}{2}$이다.

3. 두 일차방정식 $3x-2y=7$, $ax+by=4$의 그래프의 교점이 무수히 많을 때, a와 b의 값을 구해 보면,

두 일차방정식의 교점이 무수히 많다는 것은 두 그래프가 서로 일치한다는 것을 의미한다.

각 방정식을 일차함수의 형태로 바꾸면 다음과 같다.

$3x-2y=7$에서 $2y=3x-7$이므로 $y=\dfrac{3}{2}x-\dfrac{7}{2}$

$ax+by=4$, $by=-ax+4$, $y=-\dfrac{a}{b}x+\dfrac{4}{b}$

두 일차함수의 그래프가 서로 일치해야 하므로

$-\dfrac{a}{b}=\dfrac{3}{2}$, $\dfrac{4}{b}=-\dfrac{7}{2}$

먼저 b에 대하여 정리하면 $-7b=8$이므로 $b=-\dfrac{8}{7}$

b값을 $-\dfrac{a}{b}=\dfrac{3}{2}$에 대입하면

$-2a=3b$, $-2a=3\cdot-\dfrac{8}{7}$, $-2a=-\dfrac{24}{7}$, $a=\dfrac{12}{7}$이다.

4. 두 직선의 방정식이 각각 $x+2y-7=0$과 $3x+y+4=0$일 때, 두 직선은 한 점에서 만난다. 그 한 점을 구해 보면,

두 일차방정식을 동시에 만족하는 x, y의 값은 각 방정식의 해를 그래프로 나타내었을 때, 그 그래프들의 교점이 된다. 교점은 각 직선의 방정식을 연립하여 구한 해와 같다.

연립방정식 $\begin{cases} x+2y-7=0 \cdots ① \\ 3x+\ y+4=0 \cdots ② \end{cases}$ 를 풀기 위해 ②에 2를 곱한 후, ①을 빼면

$\begin{cases} x+2y-7=0 \\ 6x+2y+8=0 \end{cases} \Rightarrow \begin{array}{r} 6x+2y+8=0 \\ -)\ x+2y-7=0 \\ \hline \end{array}$

$\qquad\qquad\quad 5x\qquad +15=0 \Rightarrow 5x=-15 \Rightarrow x=-3$ 이고,

$x=-3$ 을 ①에 대입하면

$-3+2y-7=0,\ 2y=10,\ y=5$ 이다.

따라서 연립방정식 $\begin{cases} x+2y-7=0 \\ 3x+\ y+4=0 \end{cases}$ 의 해는 $x=-3,\ y=5$ 이므로

두 일차방정식의 그래프는 점$(-3,\ 5)$에서 만난다.

5. 세 방정식 $2x-y-6=0,\ y=4,\ x+2=0$의 그래프로 둘러싸인 도형의 넓이를
   구해 보면,

   세 방정식을 정리하면 $y=2x-6,\ y=4,\ x=-2$이고, 그 그래프를 그리면 다음
   과 같다.

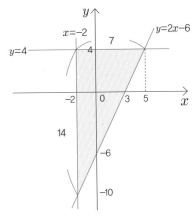

$y = 2x - 6$ ──────── ①

$y = 4$ ──────── ②

$x = -2$ ──────── ③

①과 ②의 교점은 $(5, 4)$

②와 ③의 교점은 $(-2, 4)$

①과 ③의 교점은 $(-2, -10)$

따라서 삼각형의 밑변과 높이를 알아내 그 넓이를 구하면 다음과 같다.

$7 \times 14 \times \dfrac{1}{2} = 49$ 이다.

6장

이차함수 $y=ax^2 (a \neq 0)$ 과 그 그래프

무엇이
잘못됐을까?

실망과 절망으로 찌든 머리와 가슴을 책상에 박고 있는데 신이가 툭 쳤다.

"김숙! 왜 그래? 무슨 일 있어?"

난 고개를 들고 째려보면서 말했다.

"그래! 수학 시험 망쳤다. 왜!"

"…"

"지난 한 달 동안 수학만 했다고! 얼마나 열심히 한 줄 알아? 눈물 없이는 못 들을걸? 그런데 결과가 이게 뭐냐고… 시험 시간은 절대적으로 부족했고 또 모르는 문제도… 몰라! 수학은 해도 안 되는 과목인가 봐."

"결과가 잘못되었다는 생각이 들 때 난 인도인들의 계산 방법으로 생각해."

"그게 뭔 소리야!"

"그러니까 거꾸로 생각을 해 본다고. 시험 준비 과정이나 그날 무슨 문제가 있었는지…"

"시험 당일엔 아무 문제 없었어!"

"그럼 네 점수가 나오기까지의 과정을 거꾸로 되짚어 보면 문제가 무엇인지 알 수 있을 거야."

"어렵게도 말하네. 어떻게 공부했냐고 물으면 될 것을. 쩝! 말했잖아!"

나는 신이에게 나만의 공부 레시피를 상세하게 설명해 주었다.

"그렇게 한 달 동안 그 어려운 문제집 한 권을 다 풀었다니깐! 자! 말해 봐, 내 점수가 이 모양인 이유를!"

"글쎄, 사람마다 수학을 공부하는 방법이 다르겠지만 나는 한 문제를 풀어도 그 풀이 과정을 완성하려고 해. 그러니까 수학 문제를 보면서 이게 어떤 유형인지 고민하지 않고, 문제를 그 자체로 해석하려고 한다고. 이 문제를 낸 사람은 내가 어떤 생각을 하기 바라는 걸까 하는 생각도 하고, 내가 배운 개념이나 원리 중에서 무엇을 적용해서 해석해야 하는지도 생각 하지. 그리고 그렇게 해석하기 위해서는 수학 개념이나 원리를 제대로 공부해 놓고 있어야 하고.”

“나도 개념을 읽어 보고 문제를 푼다, 뭐. 그냥 푸는 줄 알아?”

“그래. 그리고 문제를 풀 때는 어떤 개념으로 생각을 하고 어떻게 해석하는지, 그리고 그 풀이 방법이 맞는지를 답안지로 확인해야 해. 답만 보는 것이 아니라.”

“어? 진짜? 나는 답만 확인했는데.”

“내가 생각하기에는 네가 시험 시간이 부족했던 이유는 문제를 완전하게 풀어 보는 연습이 안 되어 있었기 때문인 것 같아. 네가 직접 풀어 봐야 해. 눈으로 보면 풀 수 있을 것 같은 문제도 직접 풀어 보면 다르거든. 그리고 네가 아는 문제인데도 틀리거나 생각이 안 난 이유는 문제집을 너무 빠르게만 풀었기 때문이야. 문제를 많이 푸는 것보다 조금이라도 완전하게 네 것으로 만드는 것이 중요하거든. 답안지만 보고 넘길 것이 아니라 나중에 다시 풀어 봐야 한다고.”

“넌 왜 그렇게 잘난 게냐!”

“나도 시행착오 끝에 얻은 결론이야, 왜 그래.”

나는 마음속으로 ‘멋진 녀석’이라고 생각했다. 그렇게 힘들게 깨달은 것을 나에게 다 알려 주다니….

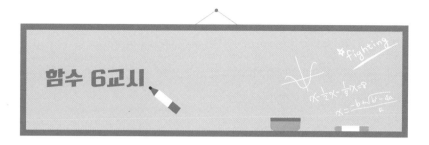

함수 6교시

내가 왜 이렇게 왔다 갔다 하는지 궁금하지? 좀 더 할까 하다가 너희들이 지겨울까 봐 멈췄다. 내가 걷는 속도가 어땠니? 일정했지?

이렇게 일정한 속도로 움직일 때, 내가 움직인 거리를 시간의 함수로 나타내면, 그 함수는 일차함수로 나타나겠지? 그리고 그래프는 직선으로 그려지고.

하지만 내가 점점 빠르게 걷는다면? 또는 점점 느리게 움직인다면? 그때도 내가 움직인 거리는 시간의 함수가 되겠지. 그런데 이때도 일차함수일까?

일차함수 $y = ax\,(a>0)$인 그래프는 기울기가 일정하잖아. 그건 시간에 따라 이동한 거리도 일정하게 증가한다는 거지. 그러니까 점점 빠르게는 아니란 말이야. 점점 빠르게는 시간이 지남에 따라 시간당 이동하는 거리의 양이 늘어나는 거잖아. 증가량이 점점 커지는 거지.

그럼 점점 빠르게 걸을 때 함수의 그래프는 직선이 아니겠네요? 직선은 기울기가 일정하니까요.

그래! 이번 시간엔 바로 이렇게 점점 빠르게, 또는 점점 느리게 움직이는 운동에 대하여 이야기할 거야. 이런 운동은 시간에 비례하는 함수가 아니란다. 시간의 제곱에 비례하지. 이렇게 x에 관해 이차식으로 나타낼 수 있는 함수를 이차함수라고 하지.

한번 예를 들어 보자.

스키를 잘 타는 친구가 높은 스키장에서 미끄러져 내려가는 것을 아래 그림과 같이 나타내었다. 이때 스키를 탄 시간을 x초라고 하고, 이동한 거리를 ym라고 할 때, y를 x에 관한 식으로 나타내 보자.

스키 탄 시간을 x초라 하고, 이동 거리를 ym라고 하면,

x의 값이 1, 2, 3, 4일 때 그에 대응하는 y의 값이

$x=1$: $1=1^2$

$x=2$: $1+3=4=2^2$

$x=3$: $1+3+5=9=3^2$

$x=4$: $1+3+5+7=16=4^2$

이므로 x와 y 사이에는 $y=x^2$이라는 관계식이 성립해요.

그럼 이때 x와 y의 관계를 함수라고 할 수 있을까?

스키 탄 시간 x초에 따라 이동한 거리 ym가 하나씩 정해지므로, 이동 거리는 시간(초)의 함수입니다.

맞아. 스키는 탄 시간(x)에 따라 이동 거리(y)가 정해지므로 이동 거리는 시간의 함수이고, 그 관계는 이차식으로 표현되지.

이차함수이군!

맞았어! 일차함수는 일차식이므로 일차함수, 그 관계식이 이차식인 함수는 이차함수.

서울의 아름다운 한강! 한강을 건너기 위해서는 다리를 건너야 하잖아? 그 다리 옆을 장식하는 아치 모양이 바로 이차함수 그래프의 형태야.

지금부터 멋진 형태를 가진 이차함수를 공부해 보자!

이차함수의 뜻

이차함수의 정확한 정의에 대해서 먼저 알아보자.

이차함수는 함수 $y=f(x)$에서 y가 x에 관한 이차식 $y=ax^2+bx+c$(a, b, c는 상수. $a\neq0$)로 나타나는 함수야.

이차함수에 대한 예를
수학이나 실생활에서 찾을 수 있나요?

이차함수에 대한 예는 수학에서는 원의 반지름과 그 넓이의 관계에서 찾을 수 있지. 원의 반지름을 x라 하고 원의 넓이를 y라고 하면, 원의 넓이는 반지름×반지름×3.14잖아. 즉 $y = 3.14x^2$이지.

실생활에서는 자동차의 속력과 제동 거리에서 찾을 수 있어. 제동 거리는 자동차를 운전할 때 운전자가 브레이크를 밟는 순간부터 자동차가 멈출 때까지 진행한 거리를 말하는 거야.

제동 거리는 자동차의 무게나 그 밖의 다른 요인들에 의해 영향을 받을 수 있지만 무엇보다 자동차의 속력이 중요하게 작용하거든. 제동 거리는 자동차의 속력의 제곱에 비례해. 이 경우 거리인 y와 속력인 x의 관계를 이차식으로 나타낼 수 있지.

쌤의 퀴즈 1 y를 x에 관한 식으로 나타내고 이차함수인 것을 모두 찾아보자.

(1) 가로 $(x+4)$cm, 세로 $(x+3)$cm인
　　직사각형의 넓이 $y$cm^2

(2) 한 개에 x원 하는 사탕 $(x+5)$개의
　　가격은 y원

(3) 한 대각선의 길이가 $(x+12)$cm,

> **풀이를 위한 생각**
> 직사각형의 넓이는 가로×세로.
> 마름모의 넓이는 $\frac{1}{2}$×(한 대각선 길이)×(다른 대각선 길이).

또 다른 대각선이 14cm인 마름모의 넓이 $y\text{cm}^2$

 풀이

y를 x에 관한 식으로 각각 나타내면,

(1) $y = (x+4)(x+3) = x^2 + 7x + 12$

(2) $y = x(x+5) = x^2 + 5x$

(3) $y = \dfrac{1}{2} \times 14 \times (x+12) = 7x + 84$

따라서 이차함수인 것은 (1), (2)이다.

 쌤의 퀴즈 2   이차함수 $f(x) = -(x+6)^2$에 대하여 함숫값 $f(-5)$를 구해 보자.

 풀이

$x = -5$일 때, $f(x) = -(x+6)^2$의 함숫값 $f(-5)$를 구하면

$f(-5) = -(-5+6)^2 = -(1)^2 = -1$

1. 다음에서 이차함수인 것을 모두 찾아라.

   (1) $y = 4x$　　(2) $y = \dfrac{7}{4} - x^2$　　(3) $y = -\dfrac{x^2}{5} - 7x$　　(4) $y = -\dfrac{2}{x^2} + 3x$

2. 다음 문장에서 x와 y 사이의 관계식을 구하고, y가 x에 관한 이차함수인 것을 모두 찾아라.

   (1) 연속된 두 자연수 $x-1$과 x의 곱은 $y+1$이다.

   (2) 한 바구니에 x원인 사과 y바구니를 사고 지불한 금액이 30,000원이다.

   (3) 한 변의 길이가 $x$cm인 정사각형이 밑면이며 높이가 10cm인 사각기둥의 부피는 $y$cm³이다.

   (4) 윗변의 길이가 $x$cm, 아랫변의 길이가 $(x+4)$cm, 높이가 $x$cm인 사다리꼴의 넓이는 $y$cm²이다.

3. 다음 물음에 답하라

   (1) 이차함수 $f(x) = 2x^2 - 4x + 1$에 대하여 함숫값 $f(0)$, $f(-1)$을 구하라.

   (2) 이차함수 $y = f(x)$에서 $f(x) = x^2 - 6x + a$이고, $f(-2) = 8$일 때, 상수 a의 값을 구하라.

풀이

1. y가 x에 관한 이차식으로 나타내어질 때, y는 x에 관한 이차함수이다.

   따라서 (2), (3)은 모두 x에 관한 이차식이므로 이차함수이다.

   (1) $y=4x$에서 $4x$는 x에 관한 이차식이 아니라 일차식이므로

   이차함수가 아니다.

   (4) $y=-\dfrac{2}{x^2}+3x$에서 $-\dfrac{2}{x^2}+3x$는 분모에 x에 관한 식이 있으므로

   이차함수가 아니다.

2. (1) $y+1=(x-1)x$, 즉 $y=x^2-x-1$

   (2) $xy=30000$, 즉 $y=\dfrac{30000}{x}$

   (3) $y=x\times x\times10$, $y=10x^2$

   　　(사각기둥의 부피=밑면 넓이×높이)

   (4) $y=(x+x+4)x\times\dfrac{1}{2}=x^2+2x$

   　　{사다리꼴의 넓이=(윗변 길이+아랫변 길이)×높이×$\dfrac{1}{2}$}

   (1), (3), (4)는 x에 관한 이차식이므로 이차함수이다.

   (2)의 $\dfrac{30000}{x}$는 x에 관한 이차식이 아니므로 이차함수가 아니다.

3. (1) $f(x)=2x^2-4x+1$에서 $f(0)$은 $x=0$일 때 y의 값이다.

　　따라서 $f(0)=2(0)^2-4(0)+1$

　　　　　　　$=1$

　　$f(-1)$은 $x=-1$일 때 y의 값이다.

　　따라서 $f(-1)=2(-1)^2-4(-1)+1$

　　　　　　　　$=2+4+1$

　　　　　　　　$=7$

　　그러므로 $f(0)=1$, $f(-1)=7$이다.

(2) $f(x)=x^2-6x+a$에서 $f(-2)=8$이므로

　　$f(-2)=(-2)^2-6(-2)+a=8$

　　$4+12+a=8 \Rightarrow a=-8$

이차함수 y=x², y=-x²의 그래프

여기 비커가 두 개 있다. 일정한 속도로 이 비커에 물을 따른다면 시간에 따른 물의 높이는 어떻게 변화할까?

비커 ①   비커 ②

물의 높이(y)를 시간(x)의 함수로 볼 때, 그래프가 어떻게 그려질지 생각해 보자. 먼저 비커 ①의 경우는 어떨까?

 시간에 따라 높이 변화가 일정할 것 같아요.

 네! 일차함수 $y=ax$로, 처음에는 물이 없었으니까 원점을 지나는 직선으로 그려질 것 같아요. 이렇게요.

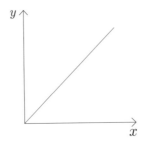

그렇겠지? 시간에 따라 일정하게 물의 높이가 높아지니까! 그러면 비커 ②의 경우는 어떨까?

점점 빠르게.

점점 빨리 물의 높이가 올라가요.

점점 빠르게? 점점 빠르게면… 일차함수가 아니라는 이야기겠네?

네. 비커가 위로 올라갈수록 둘레가 작아지니까요.
아마 이차함수로 그려질 것 같아요!

어디 한번 볼까. 내가 어제 물을 비커 ②에 천천히 일정하게 따르면서 휴대전화로 녹화를 해 보았지. 그리고 시간 x의 값이 0, 1, 2, 3, 4, 5초일 때 비커에 채워진 물의 높이 y의 값을 각각 구했단다. 이 표가 그 자료야.

x(초)	0	1	2	3	4	5
y(ml)	0	1	4	9	16	25

위의 표에서 $y = x^2$의 관계식이 성립함을 알 수 있지. x, y의 값으로 이뤄진 순서쌍 (x, y)를 좌표로 하는 점들을 좌표평면 위에 나타내면 다음과 같아.

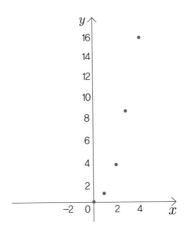

이차함수 $y = x^2$에서 x값이 실수 전체이면 그래프는 어떻게 될까?

이차함수 $y = x^2$에서 정수 x의 값에 대응하는 y의 값을 구하여 순서쌍 (x, y)로 나타내면 …(-3, 9), (-2, 4), (-1, 1), (0, 0), (1, 1), (2, 4), (3, 9)… 이므로 이를 좌표평면에 나타내면 〈그림 4〉과 같아. 그리고 x값의 간격을 점점 작게 하면 〈그림 5〉, 〈그림 6〉과 같이 매끄러운 곡선이 되는 거야.

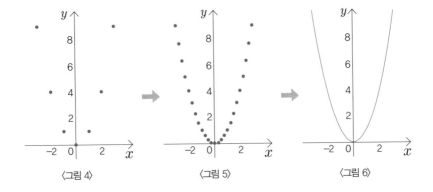

〈그림 4〉 〈그림 5〉 〈그림 6〉

어때? 이차함수 $y = x^2$의 그래프는 원점을 지나고 아래로 볼록하며, y축에 대칭으로 생겼지?

$x < 0$일 때 y의 값은 어떨까?

 x의 값이 증가하면 y의 값은 감소해요~.

$x > 0$일 때는 어떤데?

 x의 값이 증가하면 y의 값도 증가해요~.

 반드시 그래프를 떠올리면서 생각해야 해!!
무조건 외우는 것이 아냐!

이차함수 $y = x^2$의 그래프

1. 원점을 지나며 아래로 볼록한 곡선

2. y축에 대칭

3. $x < 0$일 때 x의 값이 증가하면 y의 값은 감소한다.
   $x > 0$일 때 x의 값이 증가하면 y의 값은 증가한다.

4. 원점을 제외한 모든 부분은 x축보다 위에 있다.

$y=-x^2$의 그래프는 $y=x^2$의 그래프와 어떻게 다를까? 먼저 표로 비교해 본 뒤 그래프로 그려 보자.

x	$\cdots$	-3	-2	-1	0	1	2	3	$\cdots$
x^2	$\cdots$	9	4	1	0	1	4	9	$\cdots$
$-x^2$	$\cdots$	-9	-4	-1	0	-1	-4	-9	$\cdots$

위의 표에서 같은 x에 대응하는 $-x^2$과 x^2은 항상 절댓값이 같고 부호는 서로 반대잖아. 그러니까 이차함수 $y=-x^2$의 그래프는 $y=x^2$의 그래프와 x축에 대하여 대칭인 곡선이야. x축이 대칭축이 된다는 것은 x축을 따라 접으면 $y=-x^2$과 $y=x^2$이 겹쳐진다는 거야.

한번 그려 보자. 너희들은 이미 머릿속으로 그렸지? 내가 그리는 그래프 와 비교해 봐.

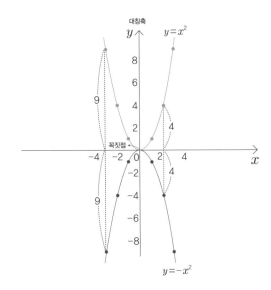

이차함수 $y = -x^2$의 그래프는 원점을 지나며 위로 볼록하고, y축에 대칭인 그래프야.

이차함수 $y = -x^2$의 그래프는 x의 값이 증가할 때 y의 값이 $x > 0$, $x < 0$의 범위에서 어떻게 변화하지?

$x > 0$일 때는 x의 값이 증가할수록 y의 값은 감소해요.
그리고 $x < 0$일 때는 x의 값이 증가할수록 y의 값은 증가하구요.

x의 값이 증가하거나 감소할 때, y값의 변화는
이차함수 $y = x^2$과 반대입니다.

맞아. 이런 모양의 곡선을 포물선이라고 하는 거야. 포물선은 선대칭도형이고 그 대칭축이 포물선의 축이란다. 그러니까 $y = x^2$과 $y = -x^2$의 그래프에서는 y축이 포물선의 축이 되는 거지. 그리고 포물선과 대칭축의 교점을 포물선의 꼭짓점이라고 한단다. 이차함수 $y = x^2$과 $y = -x^2$의 그래프는 원점이 포물선의 꼭짓점이 되겠구나.

반드시 그래프를 떠올리면서 생각해야 해!! 무조건 외우는 것이 아냐!

이차함수 $y=-x^2$의 그래프

1. 원점을 지나며 위로 볼록한 곡선

2. y축에 대칭

3. $x<0$일 때 x의 값이 증가하면 y의 값도 증가한다.

   $x>0$일 때 x의 값이 증가하면 y의 값은 감소한다.

4. 원점을 제외한 모든 부분은 x축보다 아래에 있다.

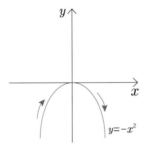

깨알 익힘 2

1. 다음 보기에서 이차함수 $y=-x^2$의 그래프에 대한 설명으로 옳지 않은 것을 골라라.

> 보기
>
> ① 원점을 지난다.　　　② x축에 대칭이다.
>
> ③ 위로 볼록하다.　　　④ 제2, 3사분면을 지난다.
>
> ⑤ 원점 위로 그려진다.

😊 풀이

1. 이차함수 $y=-x^2$의 그래프를 머리에 떠올린 뒤
　 직접 그려 본다.
　② y축에 대칭이며,
　④ 제 3, 4분면을 지나며,
　⑤ 원점 아래로 그려진다.
　따라서 옳지 않은 것은 ②, ④, ⑤이다.

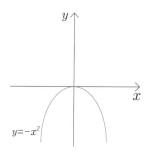

자동차의 제동 거리(y)가 속력(x)의 제곱에 비례한다고 하셨으니까 그 관계를 그래프로 나타내면 직선으로 그려지겠네요?

글쎄, 그런지 한번 살펴볼까. 수학에서 비례한다고 하는 것은 정비례 관계를 말하는 거란다. 그러니까 자동차의 제동 거리(y)가 속력의 제곱(x^2)에 비례한다는 것은 x와 y가 정비례 관계일 때 그 관계식이 $y=ax$라는 것을 떠올려야 해. y는 x(속력)가 아니라 x^2(속력의 제곱)에 비례하니까, y와 x^2의 관계는 $y=ax^2$이 되는 거야.

다음 제시된 표는 자동차의 속력(시속)과 제동 거리(m)에 대한 실험 결과를 나타낸 거야.

x	60	70	80	90	100
y	18	24.5	32	40.5	50

위의 표를 보면 x의 값은 10씩 변화되는데 y의 값이 변화되는 양은 점점 커지고 있다는 것을 알 수 있지. 이 표를 그래프로 그린다면 변화량이 일정하지 않기 때문에 직선으로 그려지지 않는다는 것을 알 수 있어.

그럼 x와 y 사이의 관계식을 구해 보자.

y는 'x의 제곱'에 비례한다고 했으니까 $y = ax^2$이다. 따라서 함수식을 구하기 위해서는 a의 값을 찾아야 하지. 이를 위해서 제시된 x, y의 값을 $y = ax^2$에 대입하면 되겠지.

위의 표에서 시속 100km인 경우, 제동 거리가 50m이므로 x, y의 값 $x = 100$, $y = 50$을 각각 $y = ax^2$에 대입하면,

$(50) = a \times (100)^2$, $a = \dfrac{50}{10000} = \dfrac{1}{200}$

그러므로 $y = \dfrac{1}{200}x^2$

위의 식이 맞는지 검산해 볼까?

$x = 60$일 때, $y = 18$이므로 대입하면 다음과 같다.

$\dfrac{1}{200} \times 60^2 = \dfrac{1}{200} \times 3600 = 18$로 등식이 성립하니까 $a = \dfrac{1}{200}$이 맞아.

따라서 위의 표는 이차함수이고 그 식이 $y = \dfrac{1}{200}x^2$이라는 것을 확인할 수 있어.

이차함수 $y = ax^2$에서 a는 다양한 값일 수 있다는 것도 알 수 있어. 그렇지?

이차함수 $y = ax^2$의 그래프는 그럼 어떻게 그리나요?

이차함수 $y = ax^2$의 그래프에서 a의 값에 따라 그래프가 어떻게 변화하는지를 알아볼까. 그리는 방법은 우리가 지금까지 함수의 그래프를 그렸

던 방법을 그대로 적용하면 돼.

먼저 x의 값을 정하고, x의 값에 대응하는 y의 값을 구해서 표로 만들자! 그 표로 x와 y의 순서쌍을 만들어서 좌표평면에 각 점으로 찍는다. 일반적으로 함수의 그래프는 x의 범위를 실수 전체로 간주하기 때문에 그래프를 그릴 때 좌표평면에 먼저 점을 찍고 그 점들을 연결하면 매끄러운 선으로 그래프를 완성할 수 있지.

a > 0인 경우부터 해 보자!

이차함수 $y = ax^2$의 그래프를 그려 보자.

a = 1, 2, 3인 경우, 이차함수 x값에 대응하는 y값을 구하고 표로 만들어 보자.

a = 1일 경우,

$x = \cdots -3,\ -2,\ -1,\ 0,\ 1,\ 2,\ 3 \cdots$

$x = -3$일 때 $y = (-3) \times (-3) = 9$

$x = -2$일 때 $y = (-2) \times (-2) = 4$

$x = -1$일 때 $y = (-1) \times (-1) = 1$

$x = 0$일 때 $y = 0 \times 0 = 0$

$x = 1$일 때 $y = 1 \times 1 = 1$

$x = 2$일 때 $y = 2 \times 2 = 4$

$x = 3$일 때 $y = 3 \times 3 = 9$

왼쪽과 같이 구한 x와 y의 값으로 표를 만든다. 다른 이차함수인 $y=2x^2$, $y=3x^2$의 경우도 x와 y의 값을 구한 뒤 표로 만들면 다음과 같다.

x	...	−3	−2	−1	0	1	2	3	...
$y=x^2$	...	9	4	1	0	1	4	9	...
$y=2x^2$	...	18	8	2	0	2	8	18	...
$y=3x^2$	...	27	12	3	0	3	12	27	...

이 표를 이용해 그래프를 그려 보면 다음과 같다.

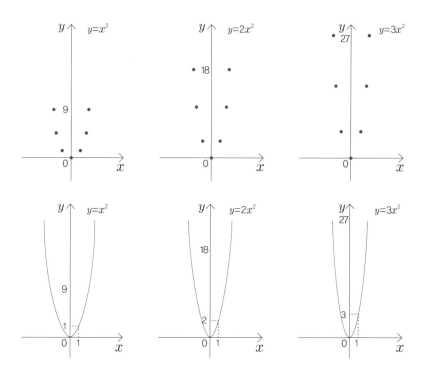

위의 이차함수 $y = ax^2$의 그래프들을 비교해 보자. a의 값이 커짐에 따라 그래프는 어떻게 변하지?

a의 값이 커짐에 따라 그래프의 폭이 점점 좁아져요.

a의 값이 커짐에 따라 그래프가 점점 y축에 가까워져요. x축과는 멀어지구요.

그렇지? 거기다가 이차함수 $y = ax^2$의 그래프도 포물선으로 그려진다는 걸 알 수 있어. 즉 a의 값이 커지면 포물선의 폭이 좁아지고 a의 값이 작아지면 포물선의 폭은 넓어진다는 것을 확인할 수 있어.

이번에는 a < 0인 경우를 그려 보자.

a = -1, -2, -3인 경우의 이차함수 그래프를 그려 보자.
이차함수 $y = ax^2$에서 x에 대한 y의 값을 구한다.
a = -1일 경우,
$x = -3$일 때 $y = -\{(-3) \times (-3)\} = -9$
$x = -2$일 때 $y = -\{(-2) \times (-2)\} = -4$
$x = -1$일 때 $y = -\{(-1) \times (-1)\} = -1$
$x = 0$일 때 $y = 0 \times 0 = 0$

$x=1$일 때 $\quad y=-(1\times1)=-1$

$x=2$일 때 $\quad y=-(2\times2)=-4$

$x=3$일 때 $\quad y=-(3\times3)=-9$

……

위와 같이 $y=-2x^2$, $y=-3x^2$의 경우도 x에 대한 y의 값을 구하여 표로 만들면 다음과 같다.

x	$\cdots$	-3	-2	-1	0	1	2	3	$\cdots$
$y=-x^2$	$\cdots$	-9	-4	-1	0	-1	-4	-9	$\cdots$
$y=-2x^2$	$\cdots$	-18	-8	-2	0	-2	-8	-18	$\cdots$
$y=-3x^2$	$\cdots$	-27	-12	-3	0	-3	-12	-27	$\cdots$

위에 제시된 x와 y의 값을 순서쌍으로 좌표평면에 점으로 표현한다. 그리고 x의 값이 실수인 경우 대응되는 y의 값도 좌표평면에 나타내기 위하여 각 점을 곡선으로 연결한다.

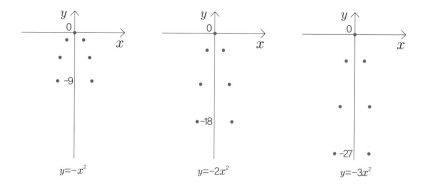

$y=-x^2$ $\qquad$ $y=-2x^2$ $\qquad$ $y=-3x^2$

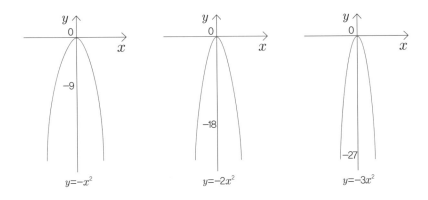

$y = -x^2$ $y = -2x^2$ $y = -3x^2$

이차함수 $y = ax^2$의 그래프가 $a < 0$일 때는 원점을 제외하고는 x축 아래로 그려지고 위로 볼록한 포물선 모양이라는 걸 알 수 있지?

그리고 $|a|$의 값이 클수록 그래프의 폭이 좁아지고, $y = -ax^2$의 그래프와 $y = ax^2$의 그래프는 x축에 대하여 서로 대칭이란 것을 알 수 있어.

그래프의 폭이란 것이 a의 값이 변함에 따라 넓어지고 좁아진다는 것을 쉽게 기억할 수 있는 방법이 없나요?

일차함수 $y = ax$의 그래프에서 $|a|$가 클수록 기울기가 급해지잖아. 마찬가지로 이차함수 $y = ax^2$의 그래프도 앞에서 그렸던 것처럼 $|a|$의 값이 커지면 y값의 변화량이 커지는 거야.

폭이 좁은 포물선을 잘 봐 봐. 선의 기울어짐이 급하

192

잖아. 그러니까 |a|의 값이 클수록 그래프의 폭이 좁아지는 거지.

항상 $y = ax^2$의 x값과 이에 대응하는 y값을 몇 개 대입해서 그려지는 그래프를 상상해 보도록 해. 그러면 외우지 않아도 알 수 있단다.

반드시 그래프를 떠올리면서 생각해야 해!!
무조건 외우는 것이 아냐!

이차함수 $y = ax^2$의 그래프

1. 원점을 꼭짓점으로 하며, y축을 축으로 하는 포물선이다.
2. $a > 0$이면 아래로 볼록하고, $a < 0$이면 위로 볼록하다.
3. |a|의 값이 클수록 그래프의 폭이 좁아진다.
4. $y = ax^2$은 $y = -ax^2$의 그래프와 x축에 대하여 대칭이다.

깨알 익힘 3

1. 다음 그림은 $y=-x^2$의 그래프이다. 이 그래프를 이용하여 이차함수
   $y=-4x^2$과 $y=-\frac{1}{4}x^2$의 그래프를 그려라.

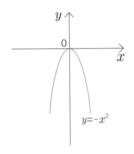

$y=-x^2$

😊 풀이

1. 이차함수 $y=-x^2$의 그래프를 이용하여 이차함수 $y=-4x^2$과
   이차함수 $y=-\frac{1}{4}x^2$의 그래프를 그리기 위해서, 먼저 같은 x값에 대응하는
   세 이차함수들의 y값을 각각 구해 다음과 같이 표로 나타낸다.

x	⋯	−2	−1	0	1	2	⋯
$-x^2$	⋯	−4	−1	0	−1	−4	⋯
$-4x^2$	⋯	−16	−4	0	−4	−16	⋯
$-\frac{1}{4}x^2$	⋯	−1	$-\frac{1}{4}$	0	$-\frac{1}{4}$	−1	⋯

표를 통해 이차함수 $y=-4x^2$의 y값은
이차함수 $y=-x^2$의 y값의 4배라는 것을
확인할 수 있다. 따라서
이차함수 $y=-4x^2$의 그래프는
이차함수 $y=-x^2$의 그래프의 y좌표를 4배로
한 점을 연결하여 그릴 수 있다.
이차함수 $y=-\frac{1}{4}x^2$의 그래프에서
$-\frac{1}{4}x^2$은 $-x^2$의 $\frac{1}{4}$배라는 것을
확인할 수 있다. 따라서 이차함수 $y=-\frac{1}{4}x^2$의 그래프는
이차함수 $y=-x^2$의 그래프를 $\frac{1}{4}$배 하여 그리면 된다.
이때 이차함수 $y=-4x^2$의 그래프와 $y=-\frac{1}{4}x^2$의 그래프는
이차함수 $y=-x^2$의 그래프와 마찬가지로 원점을 지나고 위로 볼록하며
y축에 대칭인 곡선이다.

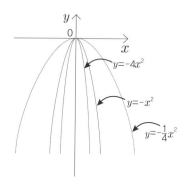

쌤의 퀴즈 3 다음 각 물음에 해당되는 그래프를 〈보기〉에서 골라라.

보기

> ㄱ. $y = -5x^2$ ㄴ. $y = -\dfrac{1}{5}x^2$ ㄷ. $y = \dfrac{1}{2}x^2$ ㄹ. $y = 5x^2$

(1) 위가 볼록한 그래프

(2) x축에 서로 대칭인 두 그래프

(3) 그래프의 폭이 가장 넓은 그래프

풀이

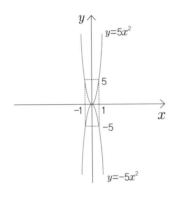

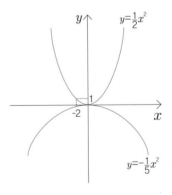

(1) 위로 볼록한 그래프

$y = ax^2$의 그래프는 $a < 0$일 때, 위로 볼록하므로 여기에 해당하는 이

196

차함수 그래프는 ㄱ, ㄴ이다.

(2) x축에 서로 대칭인 두 그래프

$y=ax^2$의 그래프는 $y=-ax^2$의 그래프와 x축에 대해 서로 대칭이므로
해당하는 이차함수 그래프는 ㄱ, ㄹ이다.

(3) 그래프의 폭이 가장 넓은 그래프

$y=ax^2$의 그래프는 a의 절댓값이 작을수록 그래프 폭이 넓어지므로
해당하는 그래프는 ㄴ이다.

이차함수 $y=ax^2$과 $y=-ax^2$의 그래프

 $y=ax^2$의 그래프가 a의 값에 따라 어떻게 그려지는지를 외우고 싶은데 잘 안 외워져!

외우지 말고 상상을 해 봐! 예를 들면 $y=ax^2$의 그래프에서 $a>0$인 경우를 생각해 봐. 우선 y의 값은 x의 값을 제곱하니까 모든 x의 값에 대하여 y의 값은 양수잖아. 거기다가 $a>0$이니까 양수인 a를 곱하면 y의 값은 항상 양수지.

 그렇지! 그러니까 원점을 지나고 아래로 볼록한 포물선이 x축 위로 그려지잖아!

맞아! 그렇다면 $a<0$인 경우는 어떻겠어?

 x의 제곱은 항상 양수인데 $a<0$이니까 음수인 a를 곱하면 말이지, $a \cdot x^2 = (-) \times (+) = (-)$이므로 ax^2은 음수가 되겠지. 그래서 원점을 지나고 x축 아래로 그려지는 위로 볼록한 포물선이 되지.

아하! 알겠다! 이차함수 $y=x^2$의 그래프는 x의 제곱이니까 x의 값이 음수이거나 양수이건 항상 양수잖아. 따라서 a의 부호가 양이면 ax^2은 양이므로 x축 위, a의 부호가 음이면 ax^2은 음이므로 x축 아래로 그려지는 거구나.

맞아! 그래프의 폭을 결정하는 것은?

 a의 절댓값이야! 크면 클수록 그래프의 폭이 좁아져. x값에 대한 y값의 증가량이 커지니까 말이야. 그리고 절댓값이 작으면 작을수록 폭이 넓어지는 거고!

차분히 따져 보면 별거 아니군!

숙이의 노트 6

1. 다음 중에서 y가 x의 이차함수인 것을 찾아보면,

    잘 나오는 문제

    (1) 밑변의 길이가 $(x+3)$cm이고, 높이가 $x$cm인 평행사변형의 넓이 y

    (2) 자동차가 x시간 동안 시속 $x$km로 달린 거리 y

    (3) 윗변의 길이가 $x$cm이고 아랫변의 길이가 $(x+6)$cm, 그리고 높이가 7cm 인 사다리꼴의 넓이 y

    y를 x에 관한 식으로 각각 나타내면,

    (1) $y = x(x+3) = x^2 + 3x$

    (2) $y = x \times x = x^2$

    (3) $y = \{x + (x+6)\} \times 7 \times \dfrac{1}{2} = (2x+6) \times \dfrac{7}{2} = 7x + 21$

    따라서 이차함수인 것은 (1), (2)이다.

2. 이차함수 $y = 5x^2$일 때 $f(-1) + f(6)$을 구하면,

    $f(-1) = 5(-1)^2 = 5$, $f(6) = 5(6)^2 = 180$

    $f(-1) + f(6) = 5 + 180 = 185$이다.

3. 다음 제시된 이차함수의 그래프들 가운데 폭이 가장 좁은 것부터 차례대로 나열해 보면,

ㄱ. $y=-x^2$ ㄴ. $y=3x^2$ ㄷ. $y=-\dfrac{4}{7}x^2$ ㄹ. $y=-\dfrac{7}{2}x^2$ ㅁ. $y=2x^2$

a의 절댓값이 클수록 폭이 좁아지므로 ㄹ, ㄴ, ㅁ, ㄱ, ㄷ이다.

4. 다음 제시된 (1), (2)는 이차함수 $y=ax^2$의 그래프에 대한 물음이다.

(1) 이차함수 $y=ax^2$의 그래프가 $y=-\dfrac{1}{5}x^2$의 그래프보다 폭이 좁고, $y=-5x^2$의 그래프보다 폭이 넓을 때, 음수 a의 범위를 구하면,

침착하게 따져 봐야 하는 문제!

a<0에 대하여 a의 절댓값이 클수록 그래프의 폭이 좁아지므로 $-5<a<-\dfrac{1}{5}$이다.

(2) 이차함수 $y=ax^2$의 그래프에서 a의 값이 (1)과 같을 때, 다음 설명인 a, b, c, d 중에서 틀린 것을 찾으면,

a. y축을 대칭축으로 한다.

b. 꼭짓점의 좌표는 (-5, 0)이다.

c. 위로 볼록한 포물선이다.

d. $x>0$일 때, x의 값이 증가하면 y의 값은 감소한다.

위의 문제를 풀기 위해 이차함수 $y=ax^2$의 그래프를 그려 보면 대략 이렇다.

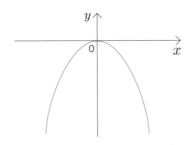

a. y축을 대칭축으로 한다.

b. 꼭짓점의 좌표는 (0, 0)이다.

c. 위로 볼록한 포물선이다.

짜증 자꾸 헷갈림

d. $x>0$일 때, x의 값이 증가하면 y의 값은 감소한다.

따라서 틀린 것은 b이다.

이차함수
$$y = ax^2 + bx + c$$

7장

다른 이들과의 조화

신이가 하는 말 중에서 내 마음을 답답하게 하는 말이 있다.

"난 애들이 왜 우르르 몰려 다니는지 잘 모르겠어. 유치하게만 보일 뿐이야."

신이가 종종 하는 말이다. 신이는 '친구'가 별로 중요하지 않게 느껴질 때도 많다고 했다.

난 그 말이 썩 유쾌하지만은 않았다.

"너 왜 아까 체육시간에 강당 입구에서 머뭇거렸어?"

"늦게 가서 내가 끼면 대화의 맥이 끊길까 봐 그냥 입구에 서 있었어."

"무슨 정상회담도 아니고. 어때, 그냥 끼면 되는 거지."

"사실 난 그게 힘들어. 그 대화가 만들어 낸 분위기를 이어 갈 자신이 없거든…"

신이는 이렇다. 애들이 유치해 보인다느니 중요하지 않다느니 말하지만 실은 다른 친구들과 잘 섞이지 못하니 하는 변명일 뿐이다. 물론 신이는 모든 친구들에게 친절하게 미소를 건넨다. 하지만 여럿이 모여 있거나 떠들어 댈 때는 끼지 못한다. 그럼 자기는 친구들을 잘 못 사귀겠다고 말하면 되지. 꼭 이상하게 돌려 말해야 하나? 그런 생각을 하자 썸 쌤이 수업 때 하신 말씀이 떠올랐다.

"이차함수 $y = ax^2 + bx + c$는 x와 y 사이의 관계를 $y = ax^2 + bx + c$와 같은 식으로도 나타낼 수 있지만 그래프나 표로도 나타낼 수 있지. 특히 이차함수를 그래프로 나타낼 때 중요한 것은 이차식 $y = ax^2 + bx + c$를 $y = a(x + p)^2 + q$와 같은 완전제곱 꼴로 변형해야 한단다. 그러면 포물선의 꼭짓점이 (-p, q)라는 것을 금세 알 수 있으니까 말이야. 이처럼 같은 이차함수식을 일반적인 형태인 $y = ax^2 + bx + c$로 나타낼 수 있지만 그 목적에 따라 완전제곱 꼴의 형태와 같이 더 적합한 식의 형태로 표현할 수도 있는 거야. 한 대상에 대한 표현이 다양하지? 너희들도 하나의 생각을 여러 가지 말로 표현하고는 하잖아. 그렇잖니?"

그래, 신이의 표현 방법이 남들과 좀 다를 뿐이다.

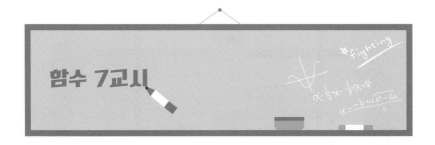

함수 7교시

함수에 대한 자신감이 생기니 슬슬 함수 시간이 기다려 지지 않니? 어린왕자가 여우를 기다리듯 내가 기다려지지?

에에~.

오늘은 이차함수 $y=ax^2+q$의 그래프에 대하여 알아볼까.

이차함수 y=ax²+q 의 그래프

아마 $y=ax^2$의 그래프와 관계가 있는 거겠죠?

글쎄. 일차함수 $y=x$와 $y=x+1$의 관계를 기억하니?

네! 일차함수 $y=x+1$의 그래프는 일차함수 $y=x$의 그래프를 y축으로 $+1$만큼 평행이동한 그래프예요.

그렇지! 잘 기억하고 있구나. 다시 정리하면 일차함수 $y=ax+b$의 그래프는 $y=ax$의 그래프를 y축으로 b만큼 평행이동한 그래프란다. $y=ax^2$의 그래프와 $y=ax^2+q$의 그래프도 같다고 생각하면 돼.

두 이차함수 $y=x^2$의 그래프와 $y=x^2+3$의 그래프를 비교해 보자.

x	⋯	-3	-2	-1	0	1	2	3	⋯
$y=x^2$	⋯	9	4	1	0	1	4	9	⋯
$y=x^2+3$	⋯	12	7	4	3	4	7	12	⋯

쉽게 비교하기 위해 표를 만들어 보았어. 표를 보면 이차함수 $y=x^2+3$의 y값은 이차함수 $y=x^2$의 y값보다 항상 3이 크지?

두 그래프는 모두 x^2의 계수가 1로 같고, 두 그래프의 대칭축은 모두 y축이야. 모두 아래로 볼록하고 그래프의 폭이 같으니까 그래프의 모양은 같단다.

다른 점은 이차함수 $y=x^2$의 그래프는 꼭짓점이 (0, 0)이고, 이차함수 $y=x^2+3$의 그래프는 꼭짓점이 (0, 3)이란 점이야. 그러니까 좌표평면 위에 나타내 보면 다음 그래프와 같이 되지.

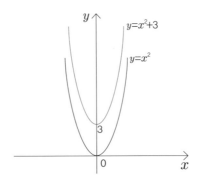

아하, 간단하게 y의 값이 모두 3씩 더해졌다고
생각하면 되는 거군요.

맞아. 그렇다면 이차함수 $y = x^2$의 함숫값보다 항상 3이 더 작은 이차함
수의 식은 어떨까?

$y = x^2$에서 3을 뺀 식 $y = x^2 - 3$인가요?

그렇지! 이차함수 $y = x^2$보다 y값이 항상 3이 작은 식이니까 $y = x^2$에서
3을 빼 준 형태인 $y = x^2 - 3$이 된단다.

이차함수 $y = ax^2$과 $y = ax^2 + q$는 함수식만 봐도 그 차이가 눈에 딱 보인
단다. y의 값에 q를 더한 게 다르다는 것 말이야. 그럼 이 이차함수들의
그래프에는 어떤 차이가 있을까?

이차함수의 모양을 결정하는 것은 a의 값이잖아요. 폭이나 형태를 결정하는 값이니까요. 이차함수 $y=ax^2$의 그래프와 $y=ax^2+q$의 그래프는 x^2의 계수가 a로 같으니까 그 모양은 같고, 위치가 달라요. 따라서 꼭짓점의 좌표가 다를 것 같아요. $y=ax^2$의 그래프를 y축으로 q만큼 평행이동한 그래프가 $y=ax^2+q$니까요. 맞지요?

하하하~. 너무 정확하게 설명을 했는데. 그렇다면 이 두 이차함수의 그래프 사이에는 어떤 차이가 있는지 정리해 볼까.

y축으로 평행이동을 했으니까 이차함수 $y=ax^2+q$의 그래프는 그 꼭짓점의 좌표가 $(0, q)$가 돼요.

완벽하구나. 이제 이차함수 $y=ax^2$의 그래프와 이차함수 $y=ax^2+q$의 그래프의 관계를 알겠지?

1. 다음 중 이차함수 $y = -3x^2$과 이차함수 $y = -3x^2 + 1$의 그래프에 대한 비교
   설명 중에서 틀린 것을 모두 골라라.

   (1) 이차함수 $y = -3x^2$의 그래프와 이차함수 $y = -3x^2 + 1$의 그래프는
      x의 계수가 -3으로 같다. 따라서 두 포물선의 폭이 같다.
   (2) 이차함수 $y = -3x^2$ 그래프의 꼭짓점은 $(0, 0)$이고,
      이차함수 $y = -3x^2 + 1$ 그래프의 꼭짓점은 $(0, 1)$이다.
   (3) 이차함수 $y = -3x^2 + 1$ 그래프의 축은 $x = 1$이다.
   (4) 이차함수 $y = -3x^2$의 그래프를 x축으로 1만큼 평행이동한
      그래프가 이차함수 $y = -3x^2 + 1$의 그래프이다.

😊 풀이

1. (1)과 (2)는 맞다.
   (3) 이차함수 $y = -3x^2 + 1$ 그래프의 꼭짓점은 $(0, 1)$이고 축의 방정식은
      $x = 1$이 아니라 $x = 0$이다.
   (4) 이차함수 $y = -3x^2 + 1$ 그래프는 이차함수 $y = -3x^2$의 그래프를
      x축이 아니라 y축으로 1만큼 평행이동한 그래프이다.
   따라서 틀린 것은 (3), (4)이다.

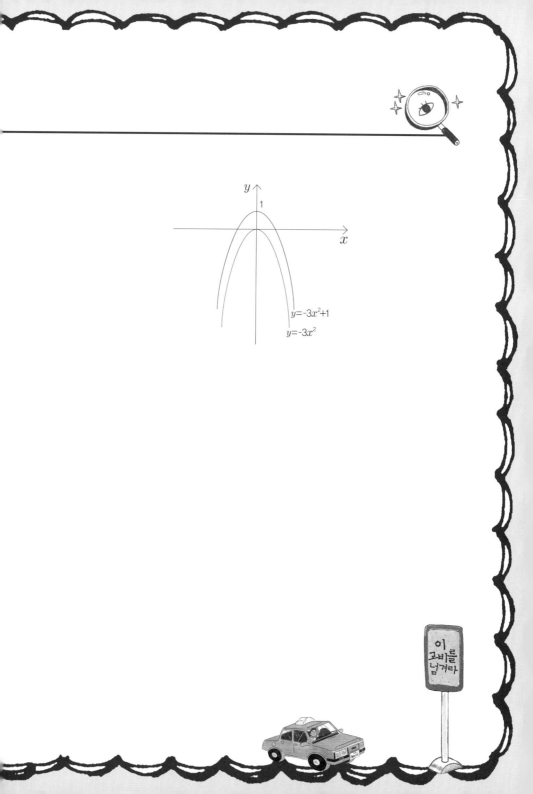

$y=-3x^2+1$

$y=-3x^2$

이차함수 y=a(x-p)²의 그래프

 이차함수 $y=x^2$과 $y=(x-2)^2$은 어떤 관계가 있나요?

이차함수 $y=x^2$과 $y=(x-2)^2$의 그래프를 그려 보면 그 차이를 알 수 있겠지? 먼저 같은 x값에 대한 y값을 구하여 다음과 같이 표로 만들어 보자.

x	⋯	-3	-2	-1	0	1	2	3	⋯
$y=x^2$	⋯	9	4	1	0	1	4	9	⋯
$y=(x-2)^2$	⋯	25	16	9	4	1	0	1	⋯

어때, 규칙성을 찾을 수 있겠니? 모르겠어? 그럼 표를 조금 변형시켜 보자. 같은 y값에 대해 x^2의 값과 $(x-2)^2$의 값이 어떻게 다른지 보려는 거야.

y	⋯	25	16	9	4	1	0	1	4	⋯
x^2의 x	⋯	-5	-4	-3	-2	-1	0	1	2	⋯
$(x-2)^2$의 x	⋯	-3	-2	-1	0	1	2	3	4	⋯

같은 y값에 대하여 x값이 항상 2가 차이가 나지? 같은 함숫값 y에 대하여 x의 값을 비교하면 $(x-2)^2$이 x^2보다 항상 2만큼 크잖아. 같은 y의 값에 대하여 x의 값이 항상 2가 차이 나니까 그래프의 축이 다른 거야.

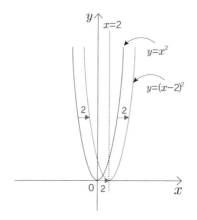

네. $y = x^2$의 그래프 축은 $x = 0$인데 $y = (x-2)^2$의 그래프 축은 $x = 2$예요.

그래프를 보면 알 수 있듯이 이차함수 $y = (x-2)^2$의 그래프는 $y = x^2$의 그래프를 x축 방향으로 +2만큼 평행이동을 한 거야.

그럼 같은 y값에 대해 x값이 2만큼 크다는 것은 x축의 양의 방향으로 2만큼 이동을 한 거란 뜻인가요?

그렇지! 그래프에서도 나타났지만 그것을 말로 표현하면 '평행이동을 한 것'이라고 설명할 수 있단다.

그다음, 함수의 방정식을 보자. 이차함수 $y = (x-2)^2$는 이차함수 $y = x^2$

를 x축 방향으로 +2만큼 평행이동한 것이다. 그런데 양의 방향으로 평행이동한 함수의 방정식에서는 x 대신 $x-2$가 대입되었다. 함수의 방정식에서는 평행이동과 반대 방향으로 기호가 대입된다는 것을 꼭 기억해야 해.

 그러면 이차함수 $y=x^2$의 그래프를 x축으로 -2만큼 평행이동하면 평행이동한 이차함수의 그래프는 이차함수 $y=(x+2)^2$의 그래프가 되나요?

그렇지. 이차함수 $y=(x+2)^2$과 이차함수 $y=x^2$를 같은 y의 값에 대한 x의 값을 각각 계산하여 표로 나타내면 다음과 같단다.

y	⋯	25	16	9	4	1	0	1	4	9	16	⋯
x^2의 x	⋯	−5	−4	−3	−2	−1	0	1	2	3	4	⋯
$(x+2)^2$의 x	⋯	−7	−6	−5	−4	−3	−2	−1	0	1	2	⋯

위의 표에서 알 수 있듯이 같은 y값에 대하여 $(x+2)^2$과 x^2의 x값을 비교해 보면 $(x+2)^2$이 x^2보다 항상 2가 작지. 같은 y의 값에 대하여 x값이 2가 작다는 것은 x축 방향으로 -2만큼 평행이동을 했다는 거야. 그래프를 볼까?

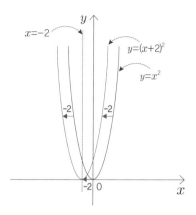

이 그래프에서도 보면 두 이차함수 $y = (x+2)^2$과 $y = x^2$의 그래프는 폭이 같고 아래로 볼록한 것은 같지만 꼭짓점의 좌표가 $(0, 0)$에서 $(-2, 0)$으로 이동하였고, 축의 방정식도 $x = 0$이 아니라 $x = -2$라는 것을 알 수 있지? 꼭짓점은 $(0, 0) \Rightarrow (-2, 0)$이란다.

 이차함수 $y = ax^2$과 $y = a(x-p)^2$은 어떤 관계가 있나요?

두 이차함수 $y = ax^2$과 $y = a(x-p)^2$의 그래프는 x^2의 계수가 a로 같기 때문에 두 이차함수의 그래프 모양이 같아. 이차함수 $y = a(x-p)^2$의 그래프는 $y = ax^2$의 그래프를 x축 방향으로 p만큼 평행이동한 것이므로 꼭짓점의 좌표는 변한단다. 꼭짓점은 $(0, 0)$이 아니라 점 $(p, 0)$이며, 축의 방정식은 $x = p$이지.

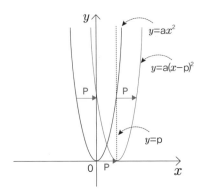

 이차함수 $y=ax^2$의 그래프를 x축으로 P만큼 평행이동하면 함수의 방정식은 $y=ax^2$에 x 대신에 $(x+p)$가 아니라 $(x-p)$를 대입해서 $y=a(x-p)^2$이 되잖아요. 그런데 이차함수 $y=ax^2$을 y축으로 q만큼 평행이동한 함수의 방정식은 왜 $y=ax^2+q$와 같이 되는 건가요?

이건 우리가 일차함수 때 공부했던 것과 같아. 이차함수 $y=x^2$의 그래프를 y축으로 +2만큼 평행이동을 하면 방정식에는 y 대신에 $(y+2)$가 아니라 $(y-2)$를 대입해야 하지?

y 대신 $y-2$를 방정식에 대입하면 다음과 같단다.

$y=x^2 \Rightarrow y-2=x^2$ (-2를 우변으로 이항한다.)

$y=x^2+2$

y축으로 평행이동한 경우는 좌변에서 우변으로 이항을 하면서 부호가 반대로 바뀐 거야.

216

깨알 익힘 2

1. 이차함수 $y=-5x^2$과 이차함수 $y=-5(x+1)^2$의 그래프를 비교한 다음 설명 중에서 틀린 것을 모두 골라라.

    (1) 이차함수 $y=-5x^2$의 그래프와 이차함수 $y=-5(x+1)^2$의 그래프는 x^2의 계수가 -5로 같다. 따라서 두 포물선의 폭과 축이 같다.

    (2) 이차함수 $y=-5x^2$의 그래프의 꼭짓점은 (0, 0)이며, 이차함수 $y=-5(x+1)^2$의 그래프의 꼭짓점은 (0, -1)이다.

    (3) 이차함수 $y=-5(x+1)^2$의 그래프의 축은 $x=-1$이다.

    (4) 이차함수 $y=-5x^2$을 x축으로 -1만큼 평행이동한 그래프가 이차함수 $y=-5(x+1)^2$의 그래프이다.

😊 풀이

1. (1) 이차함수 $y=-5x^2$의 그래프와 이차함수 $y=-5(x+1)^2$의 그래프는 x의 계수가 -5로 같다. 따라서 두 포물선의 폭은 같다.
이차함수 $y=-5x^2$의 그래프의 축은 $x=0$이며,
이차함수 $y=-5(x+1)^2$의 그래프의 축은 $x=-1$로 서로 다르다.

  (2) 이차함수 $y=-5x^2$의 그래프의 꼭짓점은 (0, 0)이며,
이차함수 $y=-5(x+1)^2$의 그래프의 꼭짓점은 (-1, 0)이다.

(3) 이차함수 $y=-5(x+1)^2$의 그래프의 축은 $x=-1$이다.

(4) 이차함수 $y=-5x^2$의 그래프를 x축으로 -1만큼

　　평행이동하는 것은, x 대신 $x+1$을 대입하는 것이므로

　　$y=-5(x+1)^2$의 그래프가 된다.

따라서 틀린 것은 (1)과 (2)이다.

쌤의 퀴즈 1 이차함수 $y=-2x^2$의 그래프가 다음과 같을 때, 다음 물음에 답해 보자.

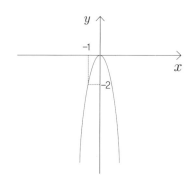

(1) 이차함수 $y=-2x^2$의 그래프를 이용하여 이차함수 $y=-2x^2+4$와
 $y=-2x^2-2$의 그래프를 그려 보자.

(2) 이차함수 $y=-2x^2$의 그래프를 이용하여 이차함수 $y=-2(x-4)^2$과
 $y=-2(x+1)^2$의 그래프를 그려 보자.

(3) 이차함수 $y=-2x^2$의 그래프를 y축의 방향으로 각각 5, $-\dfrac{1}{3}$만큼
 평행이동한 그래프를 나타내는 이차함수의 식을 각각 구해 보자.

(4) 이차함수 $y=-2x^2$의 그래프를 x축의 방향으로 각각 -3, $\dfrac{3}{5}$만큼
 평행이동한 그래프를 나타내는 이차함수의 식을 각각 구해 보자.

풀이

(1) 이차함수 $y=-2x^2+4$의 그래프는 대칭축은 y축($x=0$)이며, 꼭짓점

의 좌표가 (0, 0)인 이차함수 $y=-2x^2$의 그래프를 y축 방향으로 $+4$ 만큼 평행이동한 것이다. 따라서 이차함수 $y=-2x^2+4$의 그래프의 꼭 짓점의 좌표는 (0, 4)가 된다.

$y=-2x^2-2$의 그래프는 $y=-2x^2$의 그래프를 y축으로 -2만큼 평행이 동한 것이다. 따라서 이차함수 $y=-2x^2-2$의 그래프의 꼭짓점 좌표는 (0, -2)가 된다.

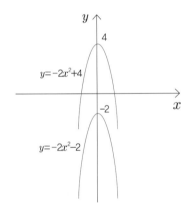

(2) 이차함수 $y=-2(x-4)^2$의 그래프는 이차함수 $y=-2x^2$의 그래프를 x축 방향으로 4만큼 평행이동한 것이다. 따라서 그래프의 축은 $x=4$ 이며, 꼭짓점의 좌표가 (4, 0)인 위로 볼록한 포물선이다.

이차함수 $y=-2(x+1)^2$의 그래프는 이차함수 $y=-2x^2$의 그래프를 x축 방향으로 -1만큼 평행이동한 것이다. 따라서 그래프의 축이 직 선 $x=-1$이며, 꼭짓점의 좌표가 (-1, 0)인 위로 볼록한 포물선이므로 그래프를 그리면 다음과 같다.

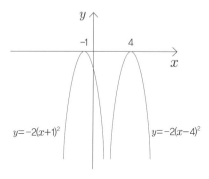

(3) 이차함수 $y=-2x^2$의 그래프를 y축의 방향으로 5만큼 평행이동한 그래프의 이차함수 식은 $y=-2x^2+5$이며, y축의 방향으로 $-\dfrac{1}{3}$만큼 이동한 그래프의 이차함수 식은 $y=-2x^2-\dfrac{1}{3}$이다.

(4) 이차함수 $y=-2x^2$의 그래프를 x축의 방향으로 -3만큼 평행이동한 그래프의 이차함수 식은 $y=-2(x+3)^2$이며, 이차함수 $y=-2x^2$의 그래프를 x축의 방향으로 $\dfrac{3}{5}$만큼 평행이동한 이차함수의 식은 $y=-2\left(x-\dfrac{3}{5}\right)^2$이다.

이차함수 $y=a(x-p)^2+q$의 그래프

이차함수 $y=ax^2$과 $y=a(x-p)^2+q$는 어떤 관계가 있나요?

그럼 먼저 앞에서 공부한 걸 다시 정리해 볼까.

두 이차함수 $y=ax^2$, $y=ax^2+q$는 x^2의 계수가 a로 같으므로 두 이차함수의 그래프 모양은 같아. 단지 $y=ax^2+q$의 그래프는 이차함수 $y=ax^2$의 그래프를 y축 방향으로 q만큼 평행이동한 것이지. 다시 말해서 꼭짓점의 좌표가 원점이 아니라 점(0, q)이지.

두 이차함수 $y=ax^2$과 $y=a(x-p)^2$은 x^2의 계수가 a로 같기 때문에 그래프의 모양이 같아. 이차함수 $y=a(x-p)^2$의 그래프는 $y=ax^2$의 그래프를 x축의 방향으로 p만큼 평행이동한 것이므로 꼭짓점의 좌표가 변하지. 꼭짓점은 (0, 0)이 아니라 점 (p, 0)이며, 축의 방정식은 $x=p$야.

따라서 이차함수 $y=a(x-p)^2+q$의 그래프는 이차함수 $y=ax^2$의 그래프를 두 번 평행이동한 거란다. 먼저 이차함수 $y=ax^2$의 그래프를 x축으로 p만큼, 그리고 y축으로 q만큼 평행이동을 하면, 함수의 방정식은 x 대신에 $x-p$를, y 대신에 $y-q$를 대입하는 거지. 그 함수의 방정식은 $y-q=a(x-p)^2$이므로, y에 대해 정리하면 $y=a(x-p)^2+q$이다.

![쌤의 퀴즈 2] 이차함수 $y=-3x^2$의 그래프를 이용하여 x축 방향으로 5만큼, y축 방향으로 -7만큼 평행이동한 그래프를 그리고, 축과 꼭짓점의 좌표를 구해 보자.

풀이

이차함수 $y = -3x^2$의 그래프를 x축 방향으로 5만큼 평행이동하면 ①과 같다. 이차함수 ①의 식은 $y = -3(x-5)^2$이다. ①을 y축으로 -7만큼 평행이동하면 ②와 같다. ②의 식은 $y = -3(x-5)^2 - 7$이다.

> 풀이를 위한 생각
>
> 이차함수 $y = -3x^2$의 그래프를 x축 방향으로, 또는 y축 방향으로 평행이동할 경우, 이차함수의 식이 어떻게 변화되는가를 생각한다.

따라서 ②를 나타내는 이차함수

$y = -3(x-5)^2 - 7$의 그래프는 아래의 그림과 같이 직선 $x = 5$를 축으로 하고, 점(5 , -7)을 꼭짓점으로 한다.

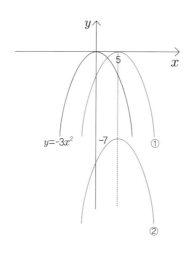

깨알 익힘 3

1. 다음은 이차함수 $y=3(x-2)^2+5$의 그래프를 이차함수 $y=3x^2+5$와
   $y=3(x-2)^2$의 그래프와 비교한 내용이다. 다음 중 틀린 것을
   모두 골라라.

   (1) 이차함수 $y=3(x-2)^2+5$의 그래프는 이차함수 $y=3x^2+5$와
        $y=3(x-2)^2$의 그래프의 폭과 대칭축이 모두 같다.

   (2) 이차함수 $y=3(x-2)^2+5$의 그래프의 꼭짓점은 (2, 5)이며,
        이차함수 $y=3x^2+5$의 그래프의 꼭짓점은 (0, 5)이다.

   (3) 이차함수 $y=3(x-2)^2+5$의 함수식에 대한 일반형은
        $y=3x^2+12x+5$이다.

   (4) 이차함수 $y=3x^2+5$의 그래프를 x축으로 2만큼 평행이동하면
        이차함수 $y=3(x-2)^2+5$의 그래프와 일치한다.

2. 다음 제시된 이차함수 $y=-3(x+1)^2-10$에 대한 설명들 가운데 맞는 것을 모
   두 골라라.

   (1) 이차함수 $y=-3(x+1)^2-10$의 그래프와 이차함수 $y=-3x^2$의
        그래프는 폭과 위로 볼록한 모양이 같다.

(2) 이차함수 $y = -3(x+1)^2-10$의 그래프의 축은 $x=1$이다.

(3) 이차함수 $y = -3(x+1)^2-10$의 그래프의 꼭짓점의 좌표는 $(-1, 10)$이다.

(4) 이차함수 $y = -3(x+1)^2-10$의 그래프는 이차함수 $y = -3x^2$의 그래프를 x축

으로 -1만큼, y축의 방향으로 -10만큼 평행이동한 것이다.

3. 다음 함수식 $\Rightarrow$ [꼭짓점의 좌표, 축의 방정식에 대한 연결 중 맞지 않는 것
을 골라라.

(1) $y = -2x^2$ $\Rightarrow$ $[(0, 0), x = 0]$

(2) $y = -2x^2+3$ $\Rightarrow$ $[(0, 3), x = 0]$

(3) $y = -2(x+5)^2$ $\Rightarrow$ $[(5, 0), x = 5]$

(4) $y = -2x^2+26x-17 \Rightarrow [(\frac{13}{2}, -24), x = \frac{13}{2}]$

😊 풀이

1. (1) 이차함수 $y = 3(x-2)^2+5$의 그래프를 이차함수 $y = 3x^2+5$의 그래프,
$y = 3(x-2)^2$의 그래프와 비교해 보면 그 폭과 모양이 같다.
그래프의 폭과 위 또는 아래로 볼록한 모양은 x의 계수인 3이 결정하기

때문이다.

하지만 그래프의 축은 다르다.

이차함수 $y=3(x-2)^2+5$의 그래프와

이차함수 $y=3(x-2)^2$의 그래프의 축은 $x=2$로 같지만,

이차함수 $y=3x^2+5$의 그래프의 축은 $x=0$으로 다르다.

(2) 이차함수 $y=3(x-2)^2+5$의 그래프는 $y=3x^2$을 x축 방향으로 2,

y축 방향으로 5만큼 평행이동한 것이다. 따라서 꼭짓점은 (2, 5)이다.

$y=3x^2+5$는 $y=3x^2$을 y축 방향으로만 5만큼 평행이동한 거라

꼭짓점은 (0, 5)이다.

(3) 이차함수 $y=3(x-2)^2+5$를 전개하면 다음과 같다.

$y=3(x-2)^2+5$

$\quad=3(x^2-4x+4)+5$

$\quad=3x^2-12x+12+5$

$\quad=3x^2-12x+17$

따라서 이차함수 $y=3(x-2)+5$의 일반형 식은 $y=3x^2-12x+17$이다.

그러므로 틀린 답은 (1)과 (3)이다.

2. (1) 이차함수 $y=-3(x+1)^2-10$의 그래프와 $y=-3x^2$의 그래프는

x^2의 계수가 −3으로 같기 때문에 폭이 같고

0보다 작기 때문에 위로 볼록한 모양이다.

(2) 이차함수 $y=-3(x+1)^2-10$의 그래프의 축은 $x=-1$이다.

(3) 이차함수 $y=-3(x+1)^2-10$의 꼭짓점의 좌표는 $(-1, -10)$이다.

따라서 (2)와 (3)은 틀리다.

3. (3) 이차함수 $y=-2(x+5)^2$의 그래프의 꼭짓점은 $(-5, 0)$이며,

축의 방정식은 $x=-5$이다.

(4) 이차함수 $y=-2x^2+26x-17$의 완전제곱 꼴을 구하면 다음과 같다.

$y=-2x^2+26x-17$

$\quad=-2(x^2-13x)-17$

$\quad=-2\{x^2-2\cdot\frac{13}{2}x+(\frac{13}{2})^2-(\frac{13}{2})^2\}-17$

$\quad=-2(x^2-2\cdot\frac{13}{2}x+\frac{169}{4}-\frac{169}{4})-17$

$\quad=-2(x-\frac{13}{2})^2+\frac{169}{2}-\frac{34}{2}$

$\quad=-2(x-\frac{13}{2})^2+\frac{135}{2}$

따라서 이차함수 $y=-2x^2+26x-17$의 완전제곱 꼴은 $y=-2(x-\frac{13}{2})^2+\frac{135}{2}$

이므로 꼭짓점의 좌표는 $(\frac{13}{2}, \frac{135}{2})$이며, 축의 방정식은 $x=\frac{13}{2}$이다.

연결이 맞지 않는 것은 (3), (4)이다.

이차함수 $y=a(x-p)^2+q$의 그래프가 다음 그림과 같을 때, a, p, q의 부호를 구해 보자.

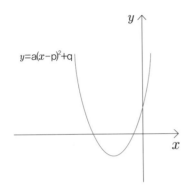

$y=a(x-p)^2+q$

풀이를 위한 생각

이차함수 $y=a(x-p)^2+q$의 그래프에서 축의 방정식을 구하고, 꼭짓점을 확인하여 각각 어떤 문자로 표현되며, 부호가 어떻게 되는지를 확인해야 한다.

풀이

주어진 이차함수의 그래프가 아래로 볼록하므로 a > 0이고, 꼭짓점 (0, 0)을 x축으로 p만큼 y축으로 q만큼 이동했는데, 꼭짓점의 좌표인 (p, q)가 제3사분면에 있으므로 p < 0, q < 0이다.

따라서 a > 0, p < 0, q < 0 이다.

이차함수 $y=ax^2+bx+c$의 그래프

가로가 9cm이고 세로가 6cm인 직사각형 색지에서 가로와 세로의 길이를 똑같이 $x$cm만큼 줄였을 때 새로 생긴 직사각형의 넓이를 $y$cm²이라고 해 보자. 그럼 이때 x와 y 사이의 관계식은 어떤 형태일까? 그리고 그 관계가 함수인지 한번 볼까.

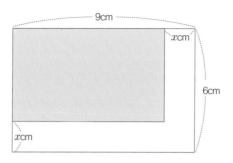

새로 만들어진 직사각형의 가로의 길이는 $(9-x)$cm이고 세로의 길이는 $(6-x)$cm이므로 직사각형의 넓이 $y$cm^{2}은 $y=(9-x)(6-x)=x^2-15x+54$이지.

따라서 y가 x에 관한 이차식 $y=x^2-15x+54$로 나타내어지며, 이때 y는 x에 관한 이차함수야.

 그렇다면 이차함수 $y=x^2-15x+54$를 그래프로
어떻게 나타낼 수 있나요?

이차함수 $y=x^2-15x+54$를 우리가 배운 $y=a(x-p)^2+q$의 꼴로 고치면 쉽게 그릴 수 있잖아!

즉, 완전제곱 꼴을 이용하는 거야.(까먹었으면 231p를 보도록!)

$$y=x^2-15x+54=\{x^2-2\cdot\frac{15}{2}x+(\frac{15}{2})^2-(\frac{15}{2})^2\}+54$$

$$=(x^2-15x+\frac{225}{4})-\frac{225}{4}+54$$

$$=(x-\frac{15}{2})^2-\frac{9}{4}$$

그리고 x에 대한 범위는 0보다 커야 하고, 색지의 가로(9cm)와 세로(6cm)의 길이를 벗어날 수 없으므로 $x < 6$이어야 해. 따라서 $0 < x < 6$이 되지.

그렇다면 x를 전체 범위로 하는 이차함수 $y = (x - \frac{15}{2})^2 - \frac{9}{4}$의 그래프는 다음과 같으며, x의 범위 $0 < x < 6$에 해당되는 부분은 다음 그래프의 빨간 선에 해당된단다.

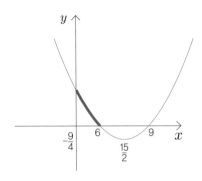

다른 방법으로는 이차함수 $y = x^2 - 15x + 54$를 인수분해해서 그래프가 x축과 만나는 점을 구해서 그래프를 그리는 방법이 있어.

$y = x^2 - 15x + 54 = (x-6)(x-9)$이므로 $x = 6$ 또는 9일 때 $y = 0$이 되지. 또한 x^2의 계수가 1로 0보다 크므로 아래로 볼록하고 x축과의 교점은 6과 9인 그래프를 그릴 수 있어. 물론 꼭짓점의 좌표를 구하기 위해서는 완전제곱 꼴로 고치거나 6과 9 두 수의 중점인 좌표의 x값을 구하면 된단다. 중점을 구하면 $\{(6+9) \div 2\} = \frac{15}{2}$이잖아. 꼭짓점의 x좌표는 $\frac{15}{2}$이지.

꼭짓점의 y의 값은 x의 값을 이차함수 $y=(x-6)(x-9)$에 대입하여 구하면 된단다.

$$y=(\frac{15}{2}-6)(\frac{15}{2}-9)=\frac{3}{2}\times(-\frac{3}{2})=-\frac{9}{4}$$

따라서 구하고자 하는 이차함수의 식은 $y=(x-\frac{15}{2})^2-\frac{9}{4}$이다.

이차함수 $y=ax^2+bx+c$의 그래프를 그릴 때, $y=a(x-p)^2+q$로 고치거나 인수분해하는 방법을 모두 이용해야 하나요?

대부분의 경우는 완전제곱 꼴로 고쳐서 그래프를 그린단다.

완전제곱 꼴을 만드는 방법

ax^2+bx+c

$=a(x^2+\frac{b}{a}x)+c$

$=a(x^2+\frac{b}{a}x+\frac{b^2}{4a^2}-\frac{b^2}{4a^2})+c$

$=a\{(x+\frac{b}{2a})^2-\frac{b^2}{4a^2}\}+c$

$=a(x+\frac{b}{2a})^2-\frac{b^2}{4a^2}\times a+c$

$=a(x+\frac{b}{2a})^2-\frac{b^2-4ac}{4a}$

깨알 익힘 4

1. 다음 이차함수의 그래프는 꼭짓점의 좌표가 (0, 0)인 어떤 이차함수의 그래프를 평행이동을 한 것이다. 어떤 이차함수를 평행이동한 것인지 밝히고, 그래프의 형태와 함께 꼭짓점의 좌표와 y축과 만나는 점의 좌표를 각각 구하라.

  (1) $y=2x^2-8x+7$ (2) $y=-x^2-10x+5$ (3) $y=2x^2+12x$

😊 풀이

1. 이차함수의 그래프의 꼭짓점의 좌표가 (0, 0)이라는 것은 이차함수의 그래프의 식이 $y=ax^2$이라는 것이다. $y=ax^2$을 어떻게 평행이동했는지 알려면 함수식을 완전제곱 꼴로 만드는 것이 중요하다.

  (1) $y=2x^2-8x+7$

      $=2(x^2-4x)+7$

      $=2(x^2-4x+4-4)+7$

      $=2(x-2)^2-1$

  즉, $y=2(x-2)^2-1$이므로 $y=2x^2-8x+7$의 그래프는 $y=2x^2$의 그래프를 x축 방향으로 2만큼, y축의 방향으로 -1만큼 평행이동한 것이다.

  따라서 꼭짓점의 좌표는 (2, -1)이고, 아래로 볼록한 포물선이며 $x=0$일 때 $y=7$이므로 y축과 만나는 점의 좌표는 (0, 7)이다.

(2) $y = -x^2 - 10x + 5$

$\quad = -(x^2 + 2 \cdot 5x + 25 - 25) + 5$

$\quad = -(x+5)^2 + 30$

즉, $y = -(x+5)^2 + 30$이므로 $y = -x^2 - 10x + 5$의 그래프는 $y = -x^2$의 그래프를
x축 방향으로 -5만큼, y축 방향으로 30만큼 평행이동한 것이다.
따라서 꼭짓점의 좌표는 $(-5, 30)$이고, 위로 볼록한 포물선이며
$x = 0$일 때 $y = 5$이므로 y축과 만나는 점의 좌표는 $(0, 5)$이다.

(3) $y = 2x^2 + 12x$

$\quad = 2(x^2 + 6x)$

$\quad = 2(x^2 + 2 \cdot 3x + 9 - 9)$

$\quad = 2(x+3)^2 - 18$

즉, $y = 2(x+3)^2 - 18$이므로 $y = 2x^2 + 12x$의 그래프는 $y = 2x^2$의 그래프를
x축 방향으로 -3만큼, y축 방향으로 -18만큼 평행이동한 것이다.
따라서 꼭짓점의 좌표는 $(-3, -18)$이고, 아래로 볼록한 포물선이며
$x = 0$일 때 $y = 0$이므로 y축과 만나는 점의 좌표는 $(0, 0)$이다.

쌤의 퀴즈 4　이차함수 $y=ax^2+bx+c$의 그래프가 점(2, −1)을 지나고 꼭짓점의 좌표가 (4, −3)일 때, 이 그래프가 나타내는 이차함수의 식을 구해 보자.

풀이

꼭짓점의 좌표가 (4, −3)이므로 이 그래프가 나타내는 이차함수의 식을 $y=a(x-4)^2-3$이라고 하자. 이 그래프가 점 (2, −1)을 지나므로 이차함수의 식 $y=a(x-4)^2-3$에 $x=2$, $y=-1$을 대입하면 성립한다.

따라서 $-1=a(2-4)^2-3=4a-3$

$4a=2$, $a=\dfrac{1}{2}$

구하고자 하는 이차함수의 식은 $y=\dfrac{1}{2}(x-4)^2-3$이므로 풀면

$y=\dfrac{1}{2}(x^2-8x+16)-3=\dfrac{1}{2}x^2-4x+5$이다.

깨알 익힘 5

1. 이차함수 $y=ax^2+bx+c$의 그래프가 점(0, 26)을 지나고 꼭짓점의 좌표가 (-3, 8)일 때, 이 그래프가 나타내는 이차함수의 식을 구하라.

풀이

1. 꼭짓점의 좌표가 (-3, 8)이므로 이차함수의 식을

   $y=a(x+3)^2+8$이라고 할 수 있다.

   이때 그래프가 지나는 점이 (0, 26)이므로 이 점의 x값과 y값을 함수식에 대입하면

   성립한다. 따라서 $26=a(3)^2+8$, $9a=26-8$, $9a=18$, $a=2$

   따라서 구하고자 하는 이차함수의 식은 $y=2(x+3)^2+8$이므로

   전개하면 $y=2x^2+12x+26$이다.

이차함수의 최댓값과 최솟값

x의 값이 한없이 커지거나 작아질 때 함숫값은 한없이 커지거나 작아지지. 어떤 함수 x의 값 전체에 대한 함숫값 중에서 가장 큰 값을 그 함수의 최댓값이라고 하고, 가장 작은 값을 그 함수의 최솟값이라고 해.

지상에서 공을 던지거나 물 로켓을 쏘면 다시 땅으로 돌아오지. 하지만 중요한 것은 가장 높이 올라가는 지점이 있다는 거야. 그렇다면 가장 높이 올라가는 지점을 알 수 있을까? 로켓을 쏘아 올릴 때 시간에 따른 로켓의 높이 변화를 안다면 그 높이를 구할 수 있어. 어떻게 구할 수 있을까?

시간에 따른 높이 변화의 관계는 이차함수야. 가장 높이 올라간 지점이 가장 큰 함숫값이 되겠지. 이차함수에서 가장 큰 함숫값(또는 최댓값)과 가장 작은 함숫값(또는 최솟값)을 함수의 그래프로 구할 수 있지.

예를 들어 이차함수 $y=-x^2+4+3$ 은 완전제곱 꼴의 형태로 바꾸면 $y=-(x-2)^2+7$ 로 나타낼 수 있고 그래프는 오른쪽과 같아. 그래프의 꼭짓점 좌표가 (2, 7)이고 위로 볼록한 포물선이야. 따라서 함숫값에서 가장 큰 값은 $x=2$일 때 $y=7$이야.

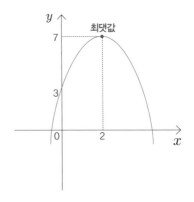

쌤의 퀴즈 5 탄성이 좋은 고무줄을 아주 세게 당겨 하늘을 향해 공을 쏘아 올렸다. 쏘아 올린 공은 하늘 높이 올라갔다가 잠시 후에 땅으로 떨어졌다. 이때, 시간(x)에 따른 공의 높이(y) 변화를 식으로 나타내면 $y = -7x^2 + 28x + 1$이다.

가장 높이 올라갔을 때의 높이를 구해 보자.

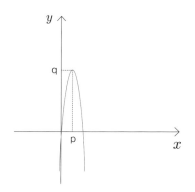

풀이를 위한 생각

공을 하늘로 쏘아 올리면 물 로켓처럼 하늘 높이 치솟아 오르다가 다시 땅으로 떨어지지. 그렇다면 가장 높이 오르는 지점은 땅으로 떨어지고자 방향을 바꾸기 직전인 거야. 바로 그 지점은 이차함수 $y = -7x^2 + 28x + 1$을 그래프로 나타냈을 때, 꼭 짓점의 y값이야.

풀이

꼭짓점을 구하기 위해 이차함수 $y = -7x^2 + 28x + 1$을 $y = a(x-p)^2 + q$의 꼴로 고치면

$y = -7x^2 + 28x + 1$

$= -7(x^2 - 4x + 4 - 4) + 1 = -7(x^2 - 4x + 4) + 28 + 1$

$=-7(x-2)^2+29$

이므로 이차함수 $y=-7x^2+28x+1$의 그래프는 꼭짓점의 좌표가 $(2, 29)$이고, 위로 볼록한 포물선이다.

따라서 공을 쏘고 2초 후 가장 높이 올라갔으며 그 높이는 29m이다.

이차함수 식 $y=ax^2+bx+c$에서 x^2의 계수 a가 $a<0$이면 위로 볼록한 포물선이 되기 때문에 꼭짓점의 y값이 이차함수의 최댓값이 되지.

반대로 x^2의 계수 a가 $a>0$이면 아래로 볼록한 포물선이 되기 때문에 꼭짓점의 y값이 이차함수의 최솟값이 된단다.

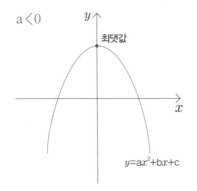

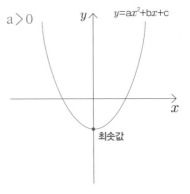

깨알 익힘 6

1. 다음 이차함수의 최댓값 또는 최솟값을 구하여라.

(1) $y=-x^2+5$　　(2) $y=(x+6)^2$　　(3) $y=-3x^2+6x$　　(4) $y=2x^2-10x+5$

😀 풀이

1. (1) $y=-x^2+5$의 그래프는 꼭짓점의 좌표가 (0, 5)이고 위로 볼록한 포물선이므로
　　 $x=0$일 때 최댓값은 5이고, 최솟값은 없다.

　(2) $y=(x+6)^2$의 그래프는 꼭짓점의 좌표가 (−6, 0)이고 아래로 볼록한
　　 포물선이므로 $x=-6$일 때 최솟값은 0이고, 최댓값은 없다.

　(3) $y=-3x^2+6x=-3(x^2-2x)=-3(x^2-2x+1-1)=-3(x-1)^2+3$의 그래프는
　　 꼭짓점의 좌표가 (1, 3)이고 위로 볼록한 포물선이므로 $x=1$일 때 최댓값은 3이며,
　　 최솟값은 없다.

　(4) $y=2x^2-10x+5=2(x^2-5x)+5=2\{x^2-2\cdot\frac{5}{2}x+(\frac{5}{2})^2-(\frac{5}{2})^2\}+5=2(x-\frac{5}{2})^2-\frac{15}{2}$이
　　 그래프는 꼭짓점의 좌표가 $(\frac{5}{2}, -\frac{15}{2})$이고, 아래로 볼록한 포물선이므로
　　 $x=\frac{5}{2}$일 때 최솟값은 $-\frac{15}{2}$이고, 최댓값은 없다.

쌤의 퀴즈 6 　이차함수 $y=(x-p)^2+q$가 $x=2$에서 최솟값을 가지고 점 (0, 5)를 지날 때, 상수 p, q를 각각 구해 보자.

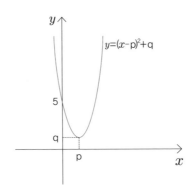

 풀이

　이차함수 $y=(x-p)^2+q$의 그래프는 꼭짓점의 좌표가 (p, q)이고 아래로 볼록한 포물선이므로 x=p일 때 최솟값 q를 가진다.

　그러므로 p=2이고, 이차함수 $y=(x-2)^2+q$의 그래프는 (0, 5)를 지난다.

　x=0일 때, 함숫값은 f(0)=5이므로 다음과 같이 q를 구할 수 있다.

　$5=(0-2)^2+q$

　5=4+q이므로 q=1

　답은 p=2, q=1이다.

1. 이차함수 $y=x^2+kx$의 최솟값이 -16일 때, 양수 k의 값을 구하라.

😊 풀이

1. 이차함수 $y=x^2+kx$의 최솟값이 −16이라는 것은 그래프의 꼭짓점의

y의 좌표가 −16이라는 것이다. 따라서 이차함수 식의 완전제곱 꼴을 구하면 된다.

$y = x^2+kx$

$\quad = (x^2+kx+\dfrac{k^2}{4})-\dfrac{k^2}{4}$

$\quad = (x+\dfrac{k}{2})^2-\dfrac{k^2}{4}$이므로

$x=-\dfrac{k}{2}$일 때, 최솟값 $-\dfrac{k^2}{4}$을 갖는다.

즉 $-\dfrac{k^2}{4}=-16$, $k^2=64$이므로

$k=\pm8$

그런데 k는 k>0(양수)이므로 k=8

이
고비를
넘겨라

이차함수 $y=ax^2(a\neq0)$ 그래프를
평행이동하면 뭐가 바뀐다고?

이차함수 $y=ax^2(a\neq0)$의 그래프를 평행이동하면 함수식이 바뀐 다고? 왜 바뀌는 거야?

좌표평면 상에 있는 한 점 (x, y)는 그 위치를 순서쌍으로 나타내는 거잖아. x축에서 어디, y축에서 어디를 나타내는 것이 좌표점이니 평 행이동을 하면 그 좌표점이 바뀌잖아. 그러면 바뀐 순서쌍에서의 x와 y 사이 관계를 나타낸 식도 바뀌지 않을까?

그렇겠구나. 그런데 평행이동을 하면 함수의 그래프 모양은 안 변하 잖아. 우리가 이사를 가도 집 주소가 바뀌는 것이지, 그 집에 사는 우 리의 모양이 변하는 것은 아니니까. 그러면 그래프의 모양이 변하지 않 는다는 것을 이차함수의 식에서도 알 수 있니?

물론이지! 이차함수 $y=ax^2$의 식을 x축으로 p만큼 평행이동하면 이 차함수 식은 $y=a(x-p)^2$이 되잖아. 두 함수식을 비교해 보면, 두 식 모두 x^2의 계수가 a로 같잖아. 바로 a가 그래프의 폭과 위 또는 아래로 볼록한 형태를 결정하는 거잖아. 폭과 모양을 결정하는 a값이 같으니까 두 그래프의 모양이 같다는 것을 알 수 있지!

와, 그렇구나! 그 a의 값으로 그래프 폭이나 위로 볼록인지 아래로 볼록인지를 판단해서 문제를 풀었으면서도 왜 그 생각을 못 했을까?

나도 그럴 때가 있어! 글쎄 y축이라고 하면 금방 아는데 $x=0$이라고 하면 그 식이 y축을 나타낸다는 것을 생각 못 했다니까. 그뿐인 줄 아니? 이차함수의 그래프를 평행이동하면 모두 축의 방정식이 바뀐다고 생각했었어. 호호호. 이차함수 $y=ax^2$의 그래프를 y축으로 평행이동했을 때는 그래프의 축이 변함이 없잖아. 이차함수의 그래프를 x축으로 m만큼 평행이동하면 이차함수 $y=ax^2$의 그래프가 $y=a(x-m)^2$의 그래프가 되니까 그때는 그래프의 축이 $x=m$으로 변화되는 거지만.

$x=0$이나 $y=0$을 해석하고 이해하는 게 중요하구나!

숙이의 노트 7

1. 이차함수 $y=ax^2+bx+c$의 그래프에 대해 설명하면,

   (1) 이차함수의 그래프를 그릴 때 $y=a(x-p)^2+q$ 꼴로 고쳐서 그릴 수 있다.

   (2) 이차함수의 그래프는 점$(0, c)$를 지난다.

   (3) $a>0$이면 아래로 볼록하고, $a<0$이면 위로 볼록한 포물선이다.

중요한 내용이니 절대 잊지 말기!

2. 이차함수 $y=ax^2+bx+c$의 평행이동과 그래프에 관한 문제를 풀어 보면,

  (1) 이차함수 $y=ax^2+2$의 그래프를 y축 방향으로 q만큼 평행이동을 하였더니 이차함수 $y=3x^2+7$의 그래프와 일치하였다. 이때 a-q의 값을 구하면,

  (단, a는 상수)

$y=ax^2+2$의 그래프를 y축 방향으로 q만큼 평행이동한 그래프가 나타내는 이차함수의 식은 $y=ax^2+2+q$이다.

$y=ax^2+2+q$의 그래프가 $y=3x^2+7$과 일치하므로 a=3, 2+q=7

즉 a=3, q=5이므로 a-q=3-5=-2

답은 -2이다.

(2) 이차함수 $y=ax^2+bx+c$의 그래프가 다음과 같을 때 $a+b-c$의 값을 구하면,

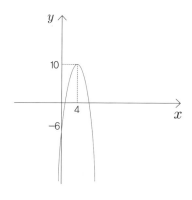

주어진 그래프에서 <u>꼭짓점의 좌표가 (4, 10)이므로</u> $y=ax^2+bx+c$의 완전제곱 꼴의 식이 $y=a(x-4)^2+10$이라는 것을 알 수 있다. 이 그래프는 점(0, -6)을 지나므로 이차함수 $y=a(x-4)^2+10$에 $x=0$, $y=-6$을 대입하면 성립한다.

$-6=a(0-4)^2+10$

$16a=-16$이므로 $a=-1$이다.

구하는 이차함수의 식은

$y=-(x-4)^2+10$

$\quad =-(x^2-8x+16)+10$

$\quad =-x^2+8x-6$이므로

b=8, c=-6

따라서 $a+b-c=-1+8-(-6)=13$

답은 13이다.

4. 대칭축은 $x=3$이고, 두 점 (1, -3), (4, 3)을 지나는 이차함수의 식을 구하면,

대칭축이 $x=3$이라는 것은 꼭짓점의 x좌표가 3이라는 것이다.

$y=a(x-3)^2+q$라 놓으면 (1, -3), (4, 3)을 지나므로 각각 대입하면

$-3=a(1-3)^2+q \cdots$ ①

$3=a(4-3)^2+q \cdots$ ②이고

식 ①을 정리하면 $4a+q=-3 \cdots$ ③

식 ②를 정리하면 $a+q=3 \cdots$ ④가 된다.

식 ③과 ④를 연립하여 다음과 같이 푼다.

③-④는 $3a=-6$, $a=-2$이다. $a=-2$를 식 ④에 대입하여 q를 구하면 $q=5$이므로 구하고자 하는 식은 $y=-2(x-3)^2+5$이다.

5. 포물선 형태의 '왕복 4차선 터널'을 만들고자 한다. 각 차선의 폭은 일정하며 전체 터널의 폭은 총 12m이고 중앙의 높이는 10m이다. 트럭이 이 터널을 지나가려면 1차선만 이용해야만 한다. 그렇다면 높이가 몇 m인 트럭까지 통과하도록 제한해야 하는가?

주어진 문제 상황을 이해하고자 할 때, 먼저 터널의 형태가 이차함수의 그래프인 포물선 형태가 된다는 것을 떠올려야 한다.

또한 그 터널을 좌표평면 상에서 그리고자 할 때, 도로의 중앙 부분을 원점으로 잡으면 보다 단순화할 수 있다.

잠깐, 도로의 1차선이 어디냐고? 중앙선의 양쪽이 1차선이지. 그 옆은 2차선. 그러면 2차선과 맞닿은 1차선의 끝부분으로 트레일러가 통과할 때도 터널에 걸리지 않게 해야 한다. 그러기 위해서는 트럭 높이를 제한해야 한다.

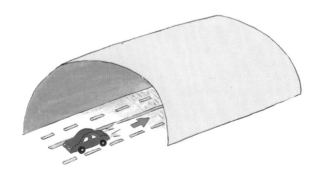

그런 상상을 바탕으로 이차함수에 대한 식을 세우고자 한다.

터널의 전체 폭이 12m이므로 중앙선이 y축이 되게 그려야 하므로 터널을 위로 볼록한 포물선으로 좌표평면에 그리면 포물선, 즉 이차함수의 그래프는 (-6, 0), (6, 0)을 지나도록 그려야 한다. 따라서 그 함수식을 세우면 다음과 같다.

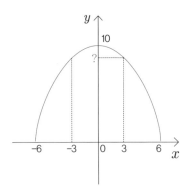

여기서 3개의 점을 알 수 있다. (-6, 0), (6, 0), (0, 10).

함수식을 세우면 y=a$(x-6)(x+6)$이다.

또한 터널 중앙의 높이가 10m이므로 이차함수 그래프의 꼭짓점 좌표는

(0, 10)이 된다.

따라서 이차함수식 $y=a(x-6)(x+6)$에 (0, 10)을 대입하면 a를 구할 수

있다.

$10 = a(0-6)(0+6) \Rightarrow 10 = -36a \Rightarrow a = -\dfrac{5}{18}$

따라서 $a = -\dfrac{5}{18}$이다.

짜샤~ 요런 걸 잘 떠올려야 함.

이때 트레일러가 통과하는 1차선은 $x=3$까지 지나므로 최소한 이 지점의 터

널 높이(y)보다 트레일러의 높이가 낮아야 한다. 따라서 터널의 1차선의 최

소 높이를 구하기 위해 $x=3$을 대입하면 다음과 같다.

$f(3) = -\dfrac{5}{18}(3-6)(3+6) = \dfrac{15}{2} = 7.5$

그러므로 7.5m 이상의 트레일러는 이용을 제한해야 한다.

답 : 7.5m 이상

요건 내가 생각해 낸 방법! 장하다, 김숙!

이런 방법도 있다. 꼭짓점을 알고 있으니 함수식을 꼭짓점을 통해 세운다. 꼭

짓점의 좌표는 (0, 10)이다. 그러니까 $y=a(x\ 0)^2 + 10$

여기에 3개의 점 중 하나인 (6, 0)을 대입하면

$0 = a \cdot 6^2 + 10$

$a = -\dfrac{5}{18}$

이 이차함수의 식은 $y = -\dfrac{5}{18}x^2 + 10$ 이다.

이 함수식을 갖고 그래프를 그려 본다. 그러면 점 $(-6, 0)$, $(6, 0)$을 지난다는 걸

알 수 있다. 왕복 4차선이기 때문에 1차선 x는 $-3 < x < 0$ 혹은 $0 < x < 3$이다.

높이가 가장 낮은 $x = 3$ 혹은 $x = -3$ 지점의 터널의 높이보다 트레일러의 높이

가 낮아야 한다. 따라서 터널의 1차선의 높이,

즉 y값보다 트레일러의 높이는 낮아야 한다.

y값을 구해 보면,

$f(3) = -\dfrac{5}{18} \cdot 3^2 + 10$

$\qquad = \dfrac{15}{2}$

그러므로 7.5m 이상의 트레일러는 이용을 제한해야 한다.